JN255947

CITY AND FOREST

都市と森林

三俣 学
新澤秀則
編著

晃洋書房

刊行によせて
——都市問題と森林社会——

　編者が設定されたテーマ「都市問題と森林社会」は一見異様である．しかし，日本の都市は，国土面積の7割近くが森林で占められる世界でも代表的な森林社会の中に立地している．普通都市と森林といえば，居住地が国土面積の85％も占めるイギリスの場合だと，ハイド・パークやケンジントン・パークのような大公園（249ha）の中の森林を想起する．しかし，日本の都市内森林公園は明治神宮の森（70ha）でもきわめて小規模である．その代り，神戸市が象徴的であるように都市総面積（5万5702ha）の41％までも六甲山の森林が占める森林都市そのものになっている．私有林だけでも（7647ha），全森林の77％もあり，表題のねらいも判らぬではない．

　森林社会は，普通，景観，保健・レクリエーション，生物生息環境，CO_2吸収，水源涵養，土砂災害防止等々の機能に恵まれていると解されている［新澤2015］．しかし，最近，森林のこうした機能は，国際的に大幅に減殺されてきた．世界各地で展開されてきた森林の大量伐採はその代表的なものである．日本でも，戦後の木材不足をカバーするために策定された木材の輸入関税の廃止のため，国内木材産業の経営不振が起り，森林保全は放置されるようになった．他方，戦後の人工植林は水源涵養機能の低い杉や檜などが中心となったため，森林機能の不完全な活用しか保証できなくなった．

　他方，新興諸国家の急速な発展を伴なった経済的グローバリゼーション化は，化石燃料の使用とCO_2の激増をもたらすことを通じて地球温暖化を進めた．その結果，道路が溶けるといわれる程の熱暑と干魃とスーパー台風と大量降雨と洪水，土砂災害などが続発することになった[1]．こうした危機を脱却するためには，漸くパリ協定締結を認めた中国だけでなく，アメリカをはじめ，全世界でCO_2削減のための必死の体制づくりと成果実現のための協力が必要である．それと並行した森林保全と森林機能の強化策を強力に開発実行してゆくことも望まれる．

　人間の生存にとって一番大切な条件は，その安全・安心を保障することであ

る．人口の集中する都市にとっても，住民の安全・安心な生活保障はその基本問題である．地球温暖化の進展する情況の中で，森林都市神戸は，他都市にないそのメリット，美しい景観と恵まれた保健・リクリエーション機能などを生かしながら，地球温暖化のために発生する危険性のある様々な森林機能の喪失を防ぐために万全の自衛的対策を準備しなければならない．その中には，六甲山の保全・活用のための市民と行政の活動，望ましい森林社会維持のための経済的諸条件の整備，森林法制の確立など多くの問題が累積している．神戸市と神戸市民が六甲山の保全と活性化を通じて全国の都市生活の新しい展開モデルになる日のくることを期待したい．

　　2017年1月

　　　　　　　　　　　　　　　　　　　　　　新野　幸次郎

注
1）「異常気象と温暖化の脅威」『ニュートン』9月号，2016年，pp.24-53.

参考文献
新澤秀則［2015］「都市山六甲山の多様な価値を求めて」『都市政策』162，pp.32-37.

目　次

第Ⅱ部　六甲山を巡る利用と政策の変遷

序章
環境経済研究センターと地域研究

1 森林と都市のあるべき関係を求めて

「都市と農村の結婚」．これは『明日の田園都市』という著書を記したエベネザー・ハワードが理想的な都市を作るうえで，その基礎に置いた考えである．農村での農の営みは森林抜きに成立し得ないので，これを「都市と森林の結婚」と読みかえることもできよう．六甲山系の一部を切り拓いてできた地にある兵庫県立大学経済学部で，日々，環境と人間社会のありようを研究するものにとっては，「都市と森林の仲をとりもつには，どのような知見や実践が役立ちうるか？」という疑問について意識せざるを得ない．

ところがこれはきわめて難問である．都市と森林（農村）は，絶えず仲違えばかりし，時に鋭く対立する関係にあったからである．かつては日々の暮らしのために「はげ山」に化すまで木材は伐採され林産物が根こそぎ採取された時代もあれば，宅地開発や砕石需要の高い時代には，山ごと根こそぎ削りとられた時代もある．木材需要がなくなれば，ほったらかしの時代へと突入する．他方，森林もまたそのような人間の横暴に，土砂災害などの形で応酬してきた．現在なおその関係は変わっていないようにもみえるし，ある面においては，ずいぶん変化の兆しを感じとることもできる．

いったい六甲山についてはどうであろう．編者らは，研究者・行政職員の限られた人の集まりでなく，登山会の会員，六甲山の保全の実践家，企業，地元住民の参画を得る形で，環境経済研究センター主催の二度にわたるシンポジウム「環境経済から六甲山のこれからを考える」（2014年3月24日実施：神戸国際会館），「森と健康——都市山の多様な価値を求めて」（2015年2月21日実施：神戸市三宮研

修センター）を開催する機会を得た．登壇者はもとより，フロアを交えた活発な意見を得ることができたのだが，上述した問いに対する答えは見えぬまま，という印象であった．しかし，それこそが本書誕生の原動力になっている．編者のうち新澤は，森林保全のための資金調達の事例分析をさらに続け，三俣は神戸市北区下唐櫃地区において毎年数回ゼミ実習を開催することで，シンポにおいて十分議論し尽くせなかった点について考えを膨らませ，また抽象的理解にとどまっていた部分に輪郭を与える研究を続けた．そのような新たな取り組みのなかから，私たち編者にくわえ，二度にわたって開催したシンポジウムで報告いただいた登壇者とともに，先の問いをさらに深く掘り下げて考えられるような書籍を作る計画が持ちあがった．内容の充実化を図るため，シンポジウムに出席し議論いただいた森林・環境問題・政策分野で活躍する研究者や識者に加え，六甲山研究を代表する研究者の参画を得る方向で調整が進んだ．

　このような経緯をもつ本書の狙いの一つは，六甲山の歴史・現状・実態について可能な限り現場をおろそかにせず，将来に向けての利用や管理のありかたを実践面，学術研究面の双方から世に問うて更なる議論を喚起することである．その意味ではまさに「おらが六甲山の書」である．しかし，先に述べた森林と都市社会の仲をとり持つ有りようやその術について考究できれば，という私たちの思いが本書の基層部を底流している．

2　用語の確認および先行研究

　序章で確認しておきたい用語がある．それは「六甲山」という名称と都市の森林の総称を表す言葉である．それらを説明したうえで，先行研究と本書の位置づけを確認する．

（1）　六甲山について

　六甲山という単独峰はない．摩耶山，再度山，高取山，横尾山，鉢伏山といった数多くの峰々が連なる連山・山系の総称が六甲山であり，国土地理院の地図上に見る六甲山の三角点は，それら複数峰のうちのもっとも海抜標高の高い位置（931m）を示している．このことをまず確認しておこう．次に六甲山の対象

範囲である．例えば，神戸市が今後100年を見据えて策定した『六甲山整備戦略』
において，その対象は「北・南側は市街化区域との境界，東側は市界，西側は
北区のひよどり墓園としあわせの村の間の都市計画道路長田箕谷線の境界」[神
戸市 2012：2] とされ，そこには計9049haの森林が広がっている．他方，神戸
市以外にも芦屋市，西宮市，宝塚市を含めると東西30kmに及んでおり，例えば
西の神戸市須磨区から東は宝塚市までをコースとする六甲全山縦走大会に顕著
にみられるように，六甲山は自治体の境界を越えて認識されている．本書では，
具体的な管理や整備のみに焦点をあてているわけでないので広義の六甲山を射
程とするが，狭義の六甲山に限定している場合もあり，章によってその範囲は
異なる．

(2)　多様な都市の森林の呼び方

　東西30kmに及ぶ六甲山には，200万人以上の人々が暮らしている．六甲山は，
居住域からの近接性とかかわりとの深さから「都市山」と呼ばれることがある．
この呼称の命名者は，本書第3章の執筆者・服部保氏である．とりわけ，都市
山という言葉は，神戸で親しみをもって使われている．先述した『六甲山森林
整備戦略』の副題「‘都市山’六甲山と人の暮らしとの新たな関わりづくり」
あるいは，今年度から神戸市で実施された「都市山防災林制度事業」という固
有の政策名称がこれを如実に物語っている．

　他方，都市山，都市林あるいは最近よく耳にする里山を包含する概念として，
学術用語かつ行政用語としての都市近郊林という言葉がある．この用語は，標
高，傾斜などの地勢から定義される場合，人口規模・用途地域からの距離など
社会的特性から定義される場合がありその実，多様である．それらを参照した
青柳・山根 [1991：266] において，都市近郊林は標高300m以下で傾斜15度未
満の土地が75％を占める平地林が多くを占める森林で，経済地帯区分において
平地農山村から農山村に分類される里山と一部重複するものとしている．

　高山・山本・小木曽ほか [2016：64] は，「都市近郊林とは，一般的に都市お
よび都市生活者の居住地域周辺の森林のことを指す」と述べ，先行研究におけ
る用語の定義の多様さを概観したうえで，その「概念的な揺れ」を重視してい
る．確かに本書12章で石崎が述べている通り，広域合併によって膨張した都市

域には振興山村までもが含まれており，単純に経済地帯区分や農業地域類型区分によって，定義づけることは難しい．さらに，標高基準についても，公共交通の整備拡充により大都市からの森林アクセスは向上しており，その定義づけは一筋縄ではいかない．つまり標高，傾斜，人口規模，用途地域区分は，ある程度の指標にはなるものの，都市近郊林を決める尺度としては，そのいずれをしても，あるいはそれら複数の組み合わせによっても，うまく定義づけられない場合がある．そこで，「どれだけ都市民の普段の生活にコミットとしているかが重要である（中略）日常性に由来する心理的な距離感によって都市近郊林に該当するかどうかを決める」[高山・山本・小木曽ほか 2016：68] という捉え方に注目してみたい．先に挙げた標高，人口規模，用途地域区分などの基準で都市近郊林に含まれない森林であっても，都市住民による恒常的な取り組みが存在する．それらには森林と都市を考える上で重要なインプリケーションが存在する可能性がある．都市と森林の距離的な近接性はなお重要であるという認識を持ちつつ，本書では厳密なる定義づけを留保し，「都市住民の実際のかかわりの実態やプロセス」に着眼して都市近郊林を捉えてみたい．

　本書では，以上でみてきた都市近郊林という言葉を用いる．本書がこれまでに蓄積されてきた都市近郊林研究に接点を持ち，今後の更なる議論の展開を期待するためである．しかし，六甲山の語と同様，都市域との近接性，在地性を強調する章では，都市山，都市林などの語を用いることを断っておく．

(3)　都市近郊林研究の課題

　都市近郊林研究は，バルブ期の乱開発によって破壊された都市住民にとって身近な都市近郊林の保全という社会的要請を受ける形で，1980年代から増加し，1990年代中頃にその最盛期を迎え，その後減少した［高山・山本・小木曽ほか 2016］．近年，高齢化，健康志向の高まり，森林の癒し効果などを背景に，再度注目されつつある．このような都市近郊林研究の動向について，具体的な研究論文数の変化などを示し，その展開を整理したものとして高山・山本・小木曽ほか［2016］が詳しい．

　そのような都市近郊林研究のピークに至る途上において山根［1992］は，都市近郊林の課題を ① 量的な減少の拡大と，② 質的な低下が同時に進行してお

り，③ これらは都市の持つ問題と林業（林業政策）の持つ問題が複合的にかつ不可分に結びつき表出していると纏めている．

　①は都市近郊林の過剰利用問題である．近年，林地開発よりも，都市近郊林で起きている利用者の爆発的増加による問題が注目されつつある．とりわけこの問題は東日本で顕著であり，高尾山はその問題を象徴する都市近郊林である．具体的には，集団登山者，トレールランナー，マウンテンバイカー等による過剰利用が引き起こす植生破壊，林地損傷，利用者間のトラブル，利用者と土地所有者や管理者間のトラブル，活動に伴う事故等の問題である．また，来訪者による生育環境に配慮しない山菜・きのこの大量採取も問題になっている．逆に森林への関心が薄れた森は放置される過少利用問題が起こっている．人工林・雑木林を問わず，人手が入らないことによる森林の質的劣化や放置に端を発する不法投棄などが起きている．これは上記②と③に密接にかかわっている．

　このような過剰利用，過少利用の両面を抱える都市近郊林の問題は，森林，林業分野の研究はもとより，生態学，防災学，医学，観光学，法学，経済学，社会学，政策学など広範な学問領域において横断的な調査や研究の進展が現場に即して展開され，得られた研究成果を政策に生かしていく必要がある．ところが研究の展開は芳しいものではなく，「多様かつ大きなポテンシャルを有し，サービスを提供している都市近郊林であるが，その重要性に比して，日本ではこれまで十分に研究されてきたとは言い難い」［杉村 2016：2］状況にとどまっている．本書はこのような研究の動向を踏まえ，都市近郊林研究に貢献しようとするものである．次節で，本書の構成，各章を簡単に紹介しておこう．

3　本書の構成と概要

　まず第Ⅰ部では，森林とりわけ都市の森林の有する価値について検討する．
　第1章（友野）は，環境経済学において先駆的に議論されてきた環境資源の価値分類とその推計方法が網羅的に解説されている．近年，注目を集めつつある生活満足度アプローチから推計された六甲山の年間評価額が先行研究に基づき紹介されている．六甲山近隣に住む人々が身近な森林や緑地にいかに価値を見出しているかを知ることができるだろう．

　第2章（齋藤）は，間接利用価値に分類される森林のレクリエーションを通じて発揮される森林の癒し効果に着目する．フィールド実験から森林浴の癒し効果が身体面，心理面の両面で発揮されていることを文献で跡づけ，身近な都市近郊林からこそ，そのような価値を享受していくことの重要性が説かれる．

　第Ⅱ部においては，そのような森林の価値が人間によってどのように見いだされ，利用されてきたのか，つまり「人と森の相互作用の歴史」に目を転じる．

　第3章（服部）では，元来的な六甲山の植生の解説にはじまり，近年の照葉二次林化の進行により，不健全で脆弱な状況が生み出されていることが明らかにされる．そのうえで，コナラ―アベマキなどの夏緑二次林が優占する森づくりの必要性が説かれる．

　第4章（沖村）では，六甲山の災害史を振り返るとともに，従来見られなった集中豪雨の頻発が明らかにされる．これにより想定外の山地崩壊が起こりうることが指摘されるとともに，砂防事業の継続や多様な樹種構成への林相転換の必要性が説かれる．

　第5章（松岡）は，神戸市の森林政策史を俯瞰する．神戸市では，入会林野と呼ばれる江戸時代の村落共有の森林が公有化される一方，財団法人や農協など多様な形態で現在に継承されていることが明らかにされる．同時に，開発から保全に向かった神戸市の林政の展開過程が示されている．

　第Ⅲ部では，六甲山の現在に焦点を絞り，その価値がどのようにして引き出されうるかについて，六甲山で進む事例に学びながら，その可能性と課題について検討を進める．

　第6章（浦上）は，木材市場において神戸がいかに不利であるかが明示されるとともに，人工林整備事業であれ，J-クレジット市場であれ，それが六甲山保全に寄与する活動であることが確実に明示されさえすれば，それに応える潜在的な需要があることが説かれる．

　第7章（大武）では，六甲山大学の取り組みが紹介される．大学の名をもつが学校教育法上の大学ではない六甲山大学の構築過程を克明に記す同章において，六甲山を舞台に活動する数多くの市民団体を結びつけていく新しい市民協働の形を知ることができる．

　第8章（三俣）は，神戸市下に存在している5カ所の学校林を紹介している．

正規の教育課程の中で，森林エコロジー教育や郷土教育がなされることの意義
を問い直すとともに，それぞれの直面している課題やその克服に向けて考察が
進められる．

　第Ⅳ部は，都市近郊林を良好に保つための制度の検討，財源調達方法，法制
度，森林政策を検討する．

　第9章（新澤）では，日本で多くの自治体が導入している水源税をはじめ，
米国で進む規制と市場の双方を利用し保全を進める地役権設定や開発権取引，
国内で展開されつつある森林を利用した健康増進の事業化の先進事例など，多
様な資金調達法を検討する．

　第10章（川添・三俣）は，入会を継承する神戸市北区下唐櫃林産農業協同組合
有林の果たしてきた役割を再考するとともに，現在，同組合の抱えている苦境
を乗り越えるような地域内外の協働の仕組み・制度を，地域の視点に立って考
える．

　第11章（神山）は，実定法に地球温暖化防止，生物多様性への配慮などが組
み込まれてきたこと，それが保安林制度など従来の制度との間に矛盾を引き起
こす可能性があること，そのような公益を地域共同の福利上昇に結び付ける必
要性が指摘される．

　第12章（石崎）は，広域市町村合併により生まれた都市―山村合併型の「都市」
自治体の課題の大きさを指摘し，ニーズの異なる様々な主体の調整を図りつつ，
森林管理や保全の道を開くことが，今後，行政の挑戦的な課題になるとの示唆
を示す．

　以上のように本書は，森林の持つ多様な価値・評価からはじまり，六甲山を
中心に森林生態と都市社会の関係を俯瞰し，利用や保全がどのような主体に
よって，どのように進められ現在に至るのかを確認する．そのうえで，多様な
都市近郊林を支える制度，財政，法制，政策を展望する．

参考文献

青柳みどり・山根正伸［1991］「都市近郊林地保全のための林地所有者の行動についての
　　実証的研究」『造園雑誌』54（4），pp. 266-72.
杉村乾［2016］「都市近郊林の機能と役割について――その誕生と来し方」『環境情報科学』
　　45（2），pp. 1-4.

高山範理・山本勝利・小木曽裕・大瀧友里奈・杉村乾［2016］「なぜ今，都市近郊林なの
　　か──特集を俯瞰する」『環境情報科学』45(2)，pp. 63-69.
山根正伸［1992］「森林の利用と保全の面からみた都市近郊林の現状と課題」『森林科学』4,
　　pp. 36-40.

第Ⅰ部 都市の森をどのように捉えるか

――森林の多様な価値を求めて――

(撮影：川添拓也)

第1章
森林の生態系サービスと価値評価

1 森林生態系サービスと価値

(1) 森林生態系サービスとは

　森林生態系サービスとは，森林を構成する樹木，その他植物，動物，昆虫，微生物など森林に生息する生物群や，土壌や水など森林を取り巻く環境から得られるサービスのことである．森林生態系サービスには，木材生産，二酸化炭素吸収，水源涵養などがあり，私たち人間のくらしと密接につながっている．国連は2001年から2005年にかけて，地球規模での生物多様性保全及び生態系の保全と持続可能な利用に関する科学的な総合評価の取り組みとして，ミレニアム生態系評価（Millennium Ecosystem Assessment：MA）を実施した．また，2010年に名古屋で開催された生物多様性条約第10回締約国会議（COP10）においてTEEB（The Economics of Ecosystems and Biodiversity）が公表された．TEEB [2010]では，生態系サービスを，供給サービス，調整サービス，生息・生育地サービス，文化的サービスの四つに大分類し，すべての人々がこれらのサービスの価値を認識し，自らの意思決定や行動に反映させる社会を目指して，その価値を経済的に可視化することの必要性を説いている．

　生態系サービスは，日本で公益的機能や多面的機能と呼ばれているものとほぼ同じである．日本学術会議は，「地球環境・人間生活にかかわる農業及び森林の多面的な機能の評価について（答申）」の中で，森林のもつ多面的な機能を，表1-1のように分類した[日本学術会議 2001：20]．

　次項では，この分類にしたがって，六甲山の生態系サービスを見てみよう．

表1-1　森林の多面的な機能

1 生物多様性保全	遺伝子保全，生物種保全，生態系保全
2 地球環境保全	地球温暖化の緩和（二酸化炭素吸収 化石燃料代替エネルギー），地球の気候の安定
3 土砂災害防止／土壌保全	表面侵食防止，表層崩壊防止，その他土砂災害防止，雪崩防止，防風，防雪
4 水源涵養	洪水緩和，水資源貯留，水量調節，水質浄化
5 快適環境形成	気候緩和，大気浄化，快適生活環境形成(騒音防止 アメニティー)
6 保健・レクリエーション	療養，保養(休養 散策 森林浴)，行楽，スポーツ
7 文化	景観・風致，学習·教育(生産・労働体験の場 自然認識・自然とのふれあいの場)，芸術，宗教・祭礼，伝統文化，地域の多様性維持
8 物質生産	木材，食料，工業原料，工芸材料

(出所) 日本学術会議 [2001].

(2)　六甲山の森林生態系サービス

1)　生物多様性保全

　森林は，遺伝子保全，生物種保全，生態系保全などの生物多様性を保全する機能を持っている．日本国内の森林には，約200種の鳥類，約2万種の昆虫類などの多様な野生生物が生息している．『神戸版レッドデータ 2015』によれば，六甲山を含む神戸市内には，哺乳類 (33)，鳥類 (290)，爬虫類 (19)，両生類 (17)，魚類 (73)，甲殻類 (42)，貝類 (202)，昆虫類 (4566)，などの動物が5242種，シダおよび種子植物が2420種，合計7662種の生物が確認されている．2016年6月には，絶滅危惧種Aランクに登録されているスミスネズミ (*Eothenomys smithii*) が六甲山で確認されている．生物多様性には，負のサービスも含まれる．六甲山のふもとの住宅地で発生するイノシシによる獣害は，その一例である．

2)　地球環境保全

　森林は光合成を行うことによって，二酸化炭素を吸収して炭素を固定化し，地球の温暖化を防止するとともに，気候の安定にも役立っている．林野庁によれば，国内の森林が光合成によって吸収する二酸化炭素は，40年生のスギ人工林1 ha (1000本) あたり290トン-CO_2である．また，森林には化石燃料代替エネルギー機能もある．住宅1棟を建設する場合，木造の場合に必要となるエネ

ルギー量は，鉄骨プレハブ造りの約3分の1，鉄筋コンクリート造りの約4分の1ですむ．六甲山には，人工林・天然林ともに40年以上の壮齢林が多い．二酸化炭素吸収能力が高いのは40年生以下の若年林であり，その割合が小さくなっていることを考えれば，六甲山の地球環境保全機能はそれほど大きくはないと推測される．六甲山におけるこの機能を高めようとすれば，適切な森林管理が求められる．

3)　土砂災害防止／土壌保全

　森林には，下層植生や落枝落葉が地表の侵食を抑制し，森林の樹木が根を張り巡らすことによって土砂の崩壊を防ぐ，土砂災害防止機能や土壌保全機能がある．六甲山は地形が急峻で，風化の著しい花崗岩で形成されている．大雨や長雨による土石流や斜面崩壊が発生しやすくなっているのである．100年ほど前の六甲山は，過度の森林伐採によってはげ山同然の状態にあり，がけ崩れや洪水が多発していた（第4章参照）．

4)　水源涵養

　森林の土壌には，降水を貯留し，河川へ流れ込む水の量を平準化して洪水を緩和するとともに，川の流量を安定させる機能がある．

　かつてはげ山同然であった六甲山に植林が開始されたのは，1900年代に入ってからのことである．森林再生事業さなかの1938年には，阪神大水害が発生し，死者616名，家屋約9万戸が被災した．その後，六甲山では砂防事業なども開始されたが，1961年と1967年にも大規模水害が発生した．土砂災害防止，土壌保全，水源涵養の機能を保ち，人々が安心して暮らすためにも，森林の適切な管理が必要である（第4章及び第5章参照）．

5)　快適環境形成

　森林には，蒸発散作用などによって気候を緩和する機能がある．また，防風や防音，樹木の樹冠による塵埃の吸着，ヒートアイランド現象の緩和など，快適な環境を形成する機能を持っている．六甲山などの都市近郊林には，このヒートアイランド現象の緩和が期待される．

6)　保健・レクリエーション

　樹木からの揮発性物質（フィトンチッド）は，人間に直接的な健康増進効果をもたらす（第 2 章参照）．六甲山には，森林浴，ハイキング，フィールド・アスレチック，高台からの眺望などを楽しむために多くの人が訪れる．全長59kmにおよぶ六甲山縦走大会の2015年度参加者数は3000人を超え，初回からの延べ参加人数は約15万人にのぼる．六甲山は人々の憩いの場であるとともに健康増進にも役立っているのである．

7)　文　　　化

　森林の景観は，行楽や芸術の対象として人々に安らぎや感動を与えるほか，伝統文化伝承の基盤として日本人の自然観の形成に大きく関わっている．また森林は，環境教育や体験学習の場としての役割も果たしている（第 7 章及び第 8 章参照）．六甲山には森林植物園や六甲山牧場などを始めとする教育施設があり，毎年多くの来訪者でにぎわっている．

8)　物　質　生　産

　森林は，木材生産のほか，山菜やきのこ，癒し効果を持つ各種の抽出成分などを提供している．長年，海外からの安価な木材輸入によって，国内林業は低迷している．2015年の神戸市農林業センサスによれば，神戸市には48の林業経営体があるが，森林組合は設置されていない．六甲山における木材生産活動は小規模であると考えられる．

(3)　森林生態系サービスの価値

　森林生態系サービスには人間にとって有用な価値があるが，それを機能面に着目して分類したものが図1-1である．

　森林の生態系サービスは，それを利用することによって得られる利用価値と，利用によって減ることは無い非利用価値に大別できる．利用価値はさらに，直接的利用価値，間接的利用価値，オプション価値の三つに分類できる．

　直接的利用価値は，木材やきのこなどの林産物を直接消費することから得られる価値である．国産木材の需要は低迷しており，国内全般において森林の直

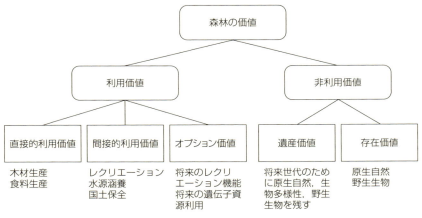

図1-1　森林の環境価値

（出所）栗山［1997］.

接的利用価値は年々低下しているといえる．一方，森林には間接的に利用して
得られる価値もある．都市近郊にある六甲山では，ハイキング，森林浴，フィー
ルド・アスレチック，高山植物園など，様々な保健・レクリエーション施設を
利用することで，その生態系サービスを利用できる．そのほか，水源涵養機能
や，国土保全機能も森林の間接的利用価値に含まれる．また，直接的であれ間
接的であれ，現在自分はこれらを利用しないが，将来自分が利用する可能性が
あるので，森林をオプションとして残しておく場合には，これをオプション価
値と呼ぶ．いずれは利用するという観点からは，利用価値に分類される．六甲
山などの都市近郊林では，木材生産のような直接的利用価値よりも，レクリエー
ション，水源涵養，国土保全などの間接的利用価値のほうが高いと考えられる．
　いっぽうの非利用価値には，遺産価値と存在価値がある．非利用価値は，利
用価値とは異なり，そこには明確な利用形態は存在しない．遺産価値は，現世
代が利用することはないが将来世代に自然環境を残すことで得られる価値であ
る．例えば，森林に未発見の希少な植物が生息しており，将来発見される可能
性があるとすれば，そのときのために森林を残すことから得られる価値である．
現世代は利用しないという観点から，非利用価値に分類される．最後の存在価
値は，存在するという情報から得られる価値である．現世代も将来世代も利用

しないが，そこに自然が存在するだけで価値があると人々が考える場合には，存在価値があることになる．存在価値には，原生自然の保全や野生生物の保全などが含まれる．

2　森林生態系サービスの評価手法

(1)　物量単位と貨幣単位

　森林生態系サービスのもつそれぞれの機能には，それに適した評価尺度がある．直接的利用価値をもつ木材は，木材市場における取引価格で測られる．森林の二酸化炭素吸収機能は，樹木の種類，樹齢，体積などから計算される二酸化炭素の重さで測ることができる．森林を評価する場合，こうした異なる尺度の指標を並べたものをダッシュボード型指標と呼ぶ．ダッシュボード型指標は，個々の生態系サービスのストックやフローの状態が分かる一方で，指標の数が増えるほど森林の総合的な評価は難しくなり，それらを統合する場合にはウェイト付けが問題となる．物量ベースの単一指標もある．その一例は，面積を尺度とするエコロジカル・フットプリントである．例えば，人間が消費したエネルギーを火力発電でまかなうとすれば，そこで燃やされる石油から発生する二酸化炭素消費を吸収するのに必要な森林面積で表すことが考えられる．牛肉を食べた場合は，牛を育てるために必要となる牧草地の面積で表される．このように生態系サービスを土地の面積（場合によっては海の面積）に換算して評価する手法が，エコロジカル・フットプリントである．例えば，神戸市民による消費活動によって発生する二酸化炭素排出量を吸収するには，六甲山の森林面積の何倍必要かといった研究テーマも興味深い．

　環境経済学では，政策的な要請から，貨幣という単一指標で環境価値を測る研究が進められてきた．それらを総称して環境価値の経済評価と呼んでおり，次々に新しい手法が開発されている［柘植・栗山・三谷 2011］．**表1–2**はこれまでの代表的な評価手法であり，顕示選好法（Revealed Preference Method：RP）と表明選好法（Stated Preference Method：SP）に大別できる．顕示選好法は，環境変化に起因する人々の経済行動の観察に依拠して計測する手法であり，その代表的手法には代替法，トラベルコスト法，ヘドニック法がある．一方の表明選好

表1-2　環境評価の主な手法

評価手法	顕示選好法			表明選好法	
	代　替　法	トラベルコスト法	ヘドニック法	Ｃ Ｖ Ｍ	コンジョイント分析
内　　容	環境財を市場財で置換するときの費用をもとに環境価値を評価	対象地までの旅行費用をもとに環境価値を評価	環境資源の存在が地代や賃金に与える影響をもとに環境価値を評価	環境変化に対する支払意思額や受入補償額をたずねることで環境価値を評価	複数の代替案を回答者に示して，その好ましさを尋ねることで環境価値を評価
評価価値	利用価値	利用価値	利用価値	利用価値および非利用価値	利用価値および非利用価値
適用範囲	水源保全，国土保全，水質などに限定	レクリエーション，景観などに限定	地域アメニティ，大気汚染，騒音などに限定	レクリエーション，景観，野生生物，生物多様性，生態系など非常に幅広い	レクリエーション，景観，野生生物，生物多様性，生態系など非常に幅広い
利　　点	必要な情報が少ない 置換する市場財の価格のみ	必要な情報が少ない 旅行費用と訪問率などのみ	情報入手コストが少ない 地代，賃金などの市場データから得られる	適用範囲が広い 存在価値や遺産価値などの非利用価値も評価可能	適用範囲が広い 存在価値や遺産価値などの非利用価値も評価可能
問 題 点	環境財に相当する市場財が存在しない場合は評価できない	適用範囲がレクリエーションに関係するものに限定される	適用範囲が地域的なものに限定される 推定時に多重共線性の影響を受けやすい	アンケート調査の必要があるので情報入手コストが大きい バイアスの影響を受けやすい	アンケート調査の必要があるので情報入手コストが大きい バイアスの影響を受けやすい

（出所）栗山［2010］p.151より（一部改変）．

法は，人々に環境価値を質問して直接評価する手法であり，その代表的手法にはCVM，コンジョイント分析がある．次項では，各手法の内容と，それを適用した森林評価事例を見てみよう．

(2)　顕示選好法と森林評価事例

1)　代替法（Replacement Cost Method）

代替法は，生態系サービスと同じ機能を持つ財を市場に見出し，その価格をもって，生態系サービスの評価額とする方法である．森林の二酸化炭素吸収を例にとれば，森林の木質バイオマス増加量から二酸化炭素吸収量を計算し，それを石炭火力発電所における二酸化炭素回収コストで評価する．環境財に相当する市場財さえあれば評価可能であり，必要情報量が少なくて済む．問題点としては，環境財と機能代替的な市場財が無い場合は評価できず，理論的に過大推計となる点も指摘されている．機能代替的な市場財が無い場合は，市場にお

いて需要と供給が交わることはなく，したがって市場価格はゼロである．この場合，代替法は，その機能を持つ市場財の生産価格を想定して計算することになるため，あきらかに過大評価となるのである［浅野 1998：58-61］．

【代替法による森林評価事例】

　日本の森林生態系サービス全体を代替法で評価した事例が**表1-3**である（第11章参照）．これは，農林水産大臣の諮問に対する答申として，日本学術会議が2001年に報告したものである．森林の多面的機能が体系的に整理され，それらの貨幣価値の全体像をとらえたものとして注目された．最も評価額の高いのは

表1-3　代替法による森林評価事例

機能の種類	評　価　方　法	評価手法	評　価　額
二酸化炭素吸収	森林バイオマスの増量から二酸化炭素吸収量を算出し，石炭火力発電所における二酸化炭素回収コストで評価	代替法	1兆2391億円/年
化石燃料代替	木造集宅が，すべてRC造・鉄骨プレハブで建設された場合に増加する炭素放出量を上記二酸化炭素回収コストで評価	代替法	2261億円/年
表面侵食防止	有林地と無林地の侵食土砂量の差（表面侵食防止量）を堰堤の建設費で評価	代替法	28兆2565億円/年
表層崩壊防止	有林地と無林地の崩壊面積の差（崩壊軽減面積）を山腹工事費用で評価	代替法	8兆4421億円/年
洪水緩和	森林と裸地との比較において100年確率雨量に対する流量調節量を治水ダムの減価償却費及び年間維持費で評価	代替法	6兆4686億円/年
水資源貯留	森林への降水量と蒸発散量から水資源貯留量を算出し，これを利水ダムの減価償却費及び年間維持費で評価	代替法	8兆7407億円/年
水質浄化	生活用水相当分については水道代で，これ以外は虫水程度の水質が必要として雨水処理施設の減価償却費及び年間維持費で評価	代替法	14兆6361億円/年
保健・レクリエーション	我が国の自然風景を観賞することを目的とした旅行費用により評価 ＊機能のごく一部を対象としてた試算である．	家計支出 （旅行用）	2兆2546億円/年

（参考）三菱総合研究所［2001］「地球環境・人間生活にかかわる農業及び森林の多面的な機能の評価に関する調査研究報告書」．
（出所）林野庁ホームページ（http://www.rinya.maff.go.jp/j/keikaku/tamenteki/con_3.html）2017年1月30日閲覧．

表面侵食防止機能の約28兆円であり，次に高いのは水質浄化機能の14兆円となっている．

2)　トラベルコスト法 (Travel Cost Method：TCM)

トラベルコスト法は，環境財へのアクセス費用（トラベルコスト）と訪問者数からマーシャル需要曲線を導き出し，それをもとに消費者余剰を求める方法である．消費者余剰とは，財やサービスへの支払意思額（Willingness to pay：WTP）から，実際に支払った額を差し引いた額である．この考え方は，アメリカの国立公園局からの，レクリエーションの価値評価に関する質問に答えたHotteling[1947]によって提案された［竹内 1999：49］.

トラベルコスト法は，「評価対象となる環境財と密接に関係する私的財を見つけることができれば，その私的財に対する需要に対応する消費者余剰の変化分がその環境財の変化の評価額を示している」というMäler[1974]の弱補完性アプローチにもとづいている．例えばレクリエーションの価値の場合，現地へのアクセス費用がその代理市場として考えられる．トラベルコスト法の手順は，まず訪問者数と旅行費用との関係より訪問頻度関数を推定する．推定された関数に仮想的な入場料（環境財の潜在価格）を加え，訪問者数がゼロになる水準まで入場料を変化させる．こうして得られる入場料と訪問者数が，その環境財（レクリエーション）の需要曲線となり，そこから消費者余剰を求める．実際にトラベルコスト法を適用する場合，個人トラベルコスト法，ゾーントラベルコスト法，離散選択トラベルコスト法などがある．個人トラベルコスト法は，訪問者の個人需要関数を推定してそれを評価額算定に利用する方法である．ゾーントラベルコスト法は，訪問者を出身地ごとにゾーン集計して，ゾーン別の需要関数を利用する方法である．これら二つが特定のレクリエーション地を対象として評価するのに対して，複数の異なるレクリエーション地を対象とするのが離散選択トラベルコスト法である．

こうしたトラベルコスト法の問題点として，適用範囲がレクリエーションなどに限られることのほか，複数目的の旅行者の分類，長期滞在者の取り扱い，時間の機会費用の推定などが挙げられる．

表1-4　トラベルコスト法による森林評価事例

研究事例	対象地区	評価対象	評価額
北畠・西岡（1984）	北海道斜里町	森林資源	一人あたり48,080円
幡・赤尾（1993）	滋賀県栗東町	森林レクエリア	2,474,318 ～ 35,705,722円
佐藤・増田（1994）	神奈川県横浜市	農村レクエリア	一人一回1,457円
			年間2億6,800万円
藤本（1995）	奈良県西吉野村	梅園	梅園一人あたり1,531～1,011円
		景観形成作物	景観形成作物一人あたり457 ～ 356円
吉田・宮本・出村（1997）	北海道鹿追町	観光農園	年間970万円～ 2,983万円
中谷・出村（1997）	北海道北見市	森林公園	年間6,585万円
藤本（1998）	奈良県明日香村	農村と歴史的景観	対転用政策：11.6億円
			対荒廃政策：10.0億円
			対整備政策：6.3億円
加藤（1999）	栃木県今市市・栗山市	公共牧場	一人あたり567 ～ 711円
			年間1億6,582万円～ 2億2,681万円

（出所）出村・吉田［1999］p.30に加筆修正.

【トラベルコスト法による森林評価事例】

　トラベルコスト法で評価された森林レクリエーションの主なものを表1-4に示した．中谷・出村［1997］では，北海道北見市の森林公園のレクリエーション価値を，年間6585万円と評価している［出村・吉田 1999：30］．

3) ヘドニック法（Hedonic Price Method：HPM）

　ヘドニック法には不動産価格法と賃金法がある．不動産価格法は，土地や住宅など居住に利用される不動産の価格を用いて市場価格関数を推定し，そこに居住することで得られる環境サービスを貨幣評価する手法である．いっぽうの賃金法は，賃金を用いて環境サービスを評価する手法である．ヘドニック法は，Waugh［1928］が行った野菜と品質の関係を明らかにした研究に始まるといわれる．この手法を初めて環境評価に適用したのはRidker［1967］，Ridker and Henning［1967］であり，彼らは大気汚染と不動産価格の関係を明らかにした．ヘドニック法に対して理論的基礎を与えたのはRosen［1974］である［浅野

1998：44-50].

　ヘドニック法は，環境の質が不動産価格に資本還元されるというキャピタリゼーション（資本化）仮説に基づいている．この仮説に基づけば，不動産価格の決定に環境因子が影響を与えていることになる．不動産価格を被説明変数とし，環境質を含めた不動産の諸属性を説明変数とする市場価格関数（付け値関数）を推定することで，環境質を貨幣単位で評価する．評価対象は，地域アメニティ，大気環境，水環境などの間接的利用価値に限られるとされる．例えば，都市緑地を評価する場合には，住宅価格を被説明変数，住宅地から公園緑地までの距離を説明変数にした回帰式を推定することによって，公園緑地が住宅価格に与える影響を評価できる．表1-5は，その仮設例である．緑地に隣接する住宅の平均価格と，緑地から一定の距離にある住宅との価格差を求め，それを各世帯の緑地に対する評価額とする．一定の距離にある世帯の評価額に住宅戸数を乗じた総額が都市緑地の評価額となる．

　ヘドニック法の問題点は，キャピタリゼーション仮説の成立，不完全競争的行動，情報の不完全性，政策や規制による市場均衡の撹乱などが挙げられる．

【ヘドニック法による森林評価事例】

　赤尾・幡［1995］は，滋賀県及び京都府の地価調査から141地点を選び出し，森林データを含む説明変数によって地価関数を推定している．推定の結果，森林の生活環境価値は，最高で1haあたり1億5663万円となっている．推定に用いた住宅価格が地価高騰時（1991年）のものであるため，評価額は割り引いて考える必要があるが，それでも木材生産のみを考慮した森林評価額よりも大きな値であった．その一方で，坪単価に換算すれば5万1688円になることから，

表1-5　ヘドニック法による緑地評価のイメージ

都市緑地からの距離	平均住宅価格	緑地に隣接する地域地域との住宅価格の差	戸数	評　価　額
0m	3300万円	0円	30	0円
200m	3200万円	100万円	20	100万円×20戸＝2000万円
500m	3100万円	200万円	15	200万円×15戸＝3000万円
1km	3000万円	300万円	10	300万円×10戸＝3000万円
合　　計				8000万円

林地を宅地に用途転換した場合と比べると，林地の開発と保全のどちらが望ましいかは微妙であるとしている．

(3)　表明選好法と森林の評価事例

1)　仮想評価法（Contingent Valuation Method：CVM）

CVMは，自然環境の状態の変化に対して，最大限に支払っても良いと考える支払意思額WTP，あるいは最小限に必要であると考える受入補償額（Willingness To Accept：WTA）を尋ねることで，補償余剰あるいは等価余剰を直接測ろうとする手法である．CVMのアイデアはCiriacy-Wantrup［1947］が考案し，Davis［1963］が森林レクリエーションを対象にCVMによる最初の環境評価を行ったとされる［栗山 1998：22］．

CVMの質問形式には，① 自由に金額を回答してもらう自由回答方式，② 金額の選択肢を準備してその中から選んでもらう支払カード方式，③ オークション形式で質問する付け値ゲーム方式，④ある金額を提示して［はい，いいえ］で答えてもらう二肢選択方式などといくつかのバリエーションがある．CVMは，人々に価値を直接尋ねる方法であるため，環境の利用価値だけでなく非利用価値も測定の対象となる．その一方で，人々に直接金額を問うことから，アンケート調査票のデザインによる様々なバイアスを受けやすいという問題点がある．バイアスの種類として，戦略バイアス，部分全体バイアス，支払手段バイアス，仮想バイアスなどがある．

【CVMによる森林評価事例】

環境省が，CVMを用いて森林の生物多様性を評価した事例を二つ取り上げる（表1-6）．奄美群島を国立公園に指定し，現在の自然環境を将来にわたって保全していくことに対する支払意思額は，1 世帯あたり中央値で年間1728円，平均値で3227円であった．これに全国の世帯数を乗じた評価額は，中央値で年間約898億円，平均値で1676億円であると推定された．もう一つは，全国を対象としたWebアンケート調査により，シカの自然植生への影響（農林業被害は含まない）対策として必要な取り組みを行い，シカの食害が目立たない状態に回復させることに対する支払意思額を計測した．結果は，1 世帯あたり中央値で

表1-6　CVMによる森林評価事例

評価対象	有効回答数／回答数	支払意思額 （1世帯あたり年間）		評価額（年間）
奄美群島を国立公園に指定することで保全される生物多様性の価値	671/1051	中央値	1728円	約898億円
		平均値	3227円	約1676億円
全国的なシカの食害対策の実施により保全される生物多様性の価値	670/1057	中央値	1666円	約865億円
		平均値	3181円	約1653億円

（出所）環境省自然環境局Webサイトhttps://www.biodic.go.jp/biodiversity/activity/policy/valuation/pdf/k2_2-2_20130219.pdf.（2017年1月30日閲覧）.

年間1666円，平均値で3181円であった．これに全国の世帯数を乗じた評価額は，中央値で年間約865億円，平均値で1653億円と推定された．

2)　コンジョイント分析（Conjoint Analysis）

　コンジョイント分析は，1960年代に計量心理学の分野で誕生し，その後はマーケティングリサーチや交通工学の分野で研究が進んだ手法である．CVMが評価対象の総価値を尋ねるのに対して，コンジョイント分析は価値を属性別に評価する．例えば，森林を水源保全，レクリエーション整備，生態系保全などの目的で整備する場合を考える．森林保全策は，水源保全の面積，レクリエーションの整備水準，生態系保全の面積，そして各世帯の負担額などの属性によって構成される．各属性の各レベルを組み合わせることで複数のプロファイルが作成される．このプロファイルを回答者に示してその選好を尋ねる．プロファイル全体の効用は，全体効用と呼ばれる．そして各プロファイルの属性と回答結果との関係から，統計的に属性の価値を評価する．プロファイルを回答者に提示する方法によって，完全プロファイル評定型，ペアワイズ評定型，選択型実験などに分かれる．環境評価の場合は，複数のプロファイルを提示して最も好ましいものを選んでもらう選択型実験が使われることが多い．コンジョイント分析の問題点はCVMと同じである［栗山 2003：85-87］．

【コンジョイント分析による森林評価事例】

　六甲山系の森林生態系サービスを，コンジョイント分析を用いて評価した事例がある［柘植 2001］．六甲山森林生態系サービスの限界評価額は，土壌流出防

表1-7　コンジョイント分析による
　　　　森林評価事例

公益的機能の属性	限界支払意思額
土壌流出防止能力	142.2円／％
保水能力	114.1円／％
大気浄化能力	137.1円／％
ハイキングコース	8.4円／％
野鳥の種類	29.2円／種

(出所) 柘植 [2001].

止能力が最も高く142.2円であった．次に，大気浄化能力137.1円，保水能力114.1円，野鳥の種類29.2円，ハイキングコース8.4円と続く．市民は，六甲山の土壌流出防止，大気浄化能力，保水能力といった生活環境や安全性に直接影響を与える機能を高く評価している一方で，レクリエーションや生態系保全の機能に対しても無視できない価値を見出していることがわかった．特にハイキングコースの評価よりも野鳥の種類の評価のほうが高いことは，市民が必ずしも直接的な利用を伴わない生態系保全機能をより高く評価していることは注目に値するとしている．

3　環境評価の動向

(1)　生活満足度アプローチ（Life Satisfaction Approach：LSA）

　環境評価の手法は，年々その数を増している．最近注目されている手法の一つに，生活満足度アプローチがある．生活満足度アプローチとは，人々に生活満足度を質問し，回答者の生活環境との関係から，環境財の非市場価値を推定する方法である．具体的には，調査によって得られた主観的幸福度を被説明変数とし，説明変数には所得や非市場財（例えば森林生態系サービス）などを用いて回帰式を推定する．その結果得られた所得の限界効用と，非市場財の限界効用とのトレードオフ（代替率）をもとに，非市場財の貨幣価値を推計するのである．CVMが直接的に評価額を尋ねる方法であるのに対して，生活満足度アプローチは環境評価額を事後的に計算するものであるため，CVMで問題とされている回答時の質問バイアスを避けることが期待されている．

【生活満足度アプローチによる森林評価事例】

　六甲山が接する阪神間地域を対象に，生活満足度アプローチを用いて，都市緑地や都市近郊林の価値を評価した事例がある．分析の結果，一人当たり年間

評価額は，森林 1 ㎡の増加に対して1.69円，都市緑地 1 ㎡の増加に対して9.855円であった［青島・内田・丑丸・佐藤 2016］．これは，調査対象地域に住む平均的な人は，居住地付近の森林が 1 ha（＝10000㎡）増加したときに年間所得が 1 万6900円減少しても，あるいは都市緑地が 1 ha増加したときに年間所得が 9 万8550円減少しても，それらの面積が増加する前の満足度を維持できることを示している．

(2)　便 益 移 転

生態系サービスの価値を評価する場合，それぞれの生態系サービスについて，詳細な調査を行うことが望ましい．しかし，新たに調査を開始するには費用や時間がかかり，多くの政策決定の場では現実的とはいえない．便益移転とは，そのような問題を克服するために開発されつつある手法であり，類似した生態系サービスの既存の価値評価を用いて，政策対象とする生態系サービスの価値を推定するやりかたである．その手法には，単位移転，調整単位移転，価値関数移転，メタ分析移転の四つがある．

単位移転は，既存研究の単位あたり評価額の平均値に，政策対象である生態系サービスの量を乗じて求める方法である．単位価値が世帯あたりの評価額であれば，それに政策対象の世帯数を乗じる．調整単位移転は，単位価値にサイト特性の違いを調整した調整単位を利用する．例えば，調査サイトと政策サイトの所得差，経時による差，サイト間の価格水準の違いなどの調整である．価値関数移転は，トラベルコスト，ヘドニック価格，CVM，コンジョイント分析などによって測定された関数に，政策サイトのパラメータ値を代入して求める．メタ分析は，複数の調査結果から計算された価値関数を利用する．その場合，サイトの社会経済的要素や，物理的要素などの特性と，調査の特性（評価手法など）の両方の変動値をより多く含めることができる．

こうした価値移転の手法は，取り上げた順番に適用のしかたが複雑になる．しかし，複雑であれば移転誤差が減るわけではない．政策サイトと類似の特性をもつ調査サイトから得られた一次評価調査を利用できる場合には，単純な単位移転が最も精度の高い価値評価につながることもありうる．

(3)　環境経済統合勘定

　国民経済計算体系（SNA）への生態系サービス価値の導入を勧告するTEEB［2010］により，経済と環境を統合した勘定の作成が急速に進んでいる．EU生物多様性戦略は，2020年までに生態系サービスの経済価値を推計して，EUおよび各国の勘定システムに導入することを求めている．

　生態系サービスの価値評価には，これまで述べたような，様々な手法がある．しかし，SNAに生態系サービスの価値を導入するには，SNAの価値基準とも整合的な交換価値により，生態系サービスを評価しなければならない．交換価値は交換において見出される価値であり，市場価格に相当するものであって，そこに消費者余剰は含まれない．一方で，CVMで評価される支払意思額（WTP）は消費者余剰を測るものであるため，WTPで評価した生態系サービスの価値をSNAに組み込むことは困難である．生態系サービスに交換価値を割り当てる方法には，資源レント法，費用関数法，代替法，ヘドニック法などがあり，これらの手法は生態系サービスのうちのTEEB［2010］で言う供給サービスの評価に適用できる．しかし，調整サービスなど一部の生態系サービスは実際の交換価値の構成要素とは見なされておらず，例えば生態系サービスの宗教的価値，もしくは審美的価値などは交換価値による評価は困難であるとされる．こうした問題点と，日本における生態系勘定作成の課題は，［林・佐藤 2016：44-47］に詳しく述べられている．

　本章では，森林のもつ生態系サービスについて，六甲山のような都市近郊林を念頭におきながら紹介した．こうした生態系サービスは，私たち人間に様々な便益をもたらすが，それを機能の面から価値を分類した．価値評価手法には様々なものが開発されているが，ここでは環境経済学で用いられている主要な方法を取り上げた．顕示選好法の中から代替法，トラベルコスト法，ヘドニック法，また表明選好法の中からCVMとコンジョイント分析を取り上げてその考え方を示し，それらを用いた森林生態系サービスの評価事例を紹介した．最後に，環境評価の動向として，生活満足度アプローチ，便益移転，環境経済統合勘定の三つのトピックスを紹介した．

　環境評価手法にはそれぞれの利点と問題点がある．指標を統合することはそ

う容易ではない．しかし，TEEB［2010］は国民経済計算へ（SNA）への生態系サービス価値の導入を勧告しており，EU 生物多様性戦略は，EU 加盟国に，2020 年までに国内の生態系と生態系サービスの状態を評価し，その経済価値を推計して，EU 及び各国の勘定システムに導入することを求めている．経済と環境を統合した指標づくりは，持続可能な社会の構築に向けて必要不可欠な研究であり，各国で精力的な研究が行われているところである．

参考文献

青島一平・内田圭・丑丸敦史・佐藤真行［2016］「満足度指標を用いた都市緑地の貨幣価値評価」，環境科学会講演要旨集，p. 88（環境科学会 2016 年度ポスターセッション P-30）．

赤尾健一・幡建樹［1995］「森林の生活環境価値の計測——ヘドニック法の適用」『森林計画誌』25，pp. 1-15.

浅野耕太［1998］『農林業と環境評価』多賀出版.

栗山浩一［1997］『公共事業と環境の価値—— CVM ガイドブック』築地書館.

栗山浩一［1998］『環境の価値と評価手法』北海道大学図書刊行会.

栗山浩一［2003］「環境評価手法の具体的展開」，吉田文和・北畠能房篇『環境の評価とマネジメント』岩波書店，pp. 85-87.

栗山浩一［2010］「生物多様性の経済価値評価」，林希一郎編『生物多様性・生態系と経済の基礎知識』中央法規，pp. 147-170.

神戸市［2015］『神戸の希少な野生動植物：神戸版レッドデータ 2015』神戸市環境局環境保全部自然環境共生課.

竹内憲司［1999］『環境評価の政策利用』勁草書房.

柘植隆宏［2001］「市民の選好に基づく森林の公益的機能の評価とその政策利用の可能性——選択型実験による実証研究——」『環境科学会誌』14（5），pp. 465-76.

柘植隆宏・栗山浩一・三谷洋平［2011］『環境評価の最新テクニック』勁草書房.

TEEB［2010］The Economics of Ecosystems and Biodiversity: The Ecological and Economic Foundation,（生態系と生物多様性の経済学：生態学と経済学の基礎（TEEB D0）.

出村克彦・吉田謙太郎編［1999］『森林アメニティの創造に向けて——農業・農村の公益的機能評価——』大明堂.

友野哲彦［2010］『環境保全と地域経済の数量分析』兵庫県立大学政策科学研究叢書 LXXXIV.

日本学術会議［2001］「地球環境・人間生活にかかわる農業および森林の多面的機能について（答申）」.

林岳・佐藤真行［2016］「生態系勘定の開発における諸外国の動向と日本の課題」『環境経済・政策研究』9（2），pp. 44-47.

Ciriacy-Wantrup, S.V. [1947] "Capital Returns from Soil-Conservation Practices," *Journal of Farm Economics*, 29, pp.1181-1196.

Davis, R. K. [1963] "The Value of Outdoor Recreation: An Economic Study of Maine Woods," Unpublished Ph. D. dissertation, Havard University, Cambridge, MA.

Hotelling, H. [1947] "Letter to the National Park Service," Reprinted in *An Economic Study of the Monetary Evaluation of Recreation in the National Parks*, U.S. Department of the Interior, National Park Service and Recreational Planning Division, Washington, D.C., 1949.

Mäler, K. G. [1974] *Environmental Economics: A theoretical inquiry*. Baltimore MD: Johns Hopkins University Press for Resources for the Future.

Ridker, R. G. [1967] *Economic Cost of Air Pollution: Studies in Measurement*, Praeger.

Ridker, R. G., and J. A. Henning [1967] "The Dterminants of Residential Property Values with Special Reference to Air Pollution," *Review of Economics and Statistics*, Vol. 49, pp. 246-257.

Rosen, S. [1974] "Hedonic Prices and Implicit Markets: Product Differentiation in Pure Compensation," *Journal of Political Economy*, Vol. 82, No.1, pp. 34-55.

Waugh, F. V. [1928] "Quality Factors Influencing Vegetable Prices," *Journal of Farm Economics*, Vol. 10, pp. 185-196.

第2章

森が秘める「癒し」のはたらき

1 人々にとって「癒し」とは

　筆者が勤務しているのは，「富士癒しの森研究所」という風変わりな名前の大学の一組織である．この研究所は東京大学の演習林の一つであるが，リゾート地・観光地に立地することから，「癒し」を軸にした森林利用・管理のあり方を模索している［齋藤 2014］．この研究所のもう一つの風変わりな点は，「癒し」に関連する学問分野の専門家がいないということである．筆者は，その「癒し」の門外漢の一人であるため，森の癒し効果について解説することは荷が重い．しかしながら，「癒しの森」の実現を目指す研究に携わる中で，一応の情報収集をしてきたし，一般の方々にも是非知っていただきたい知見が多く含まれるので，筆者が理解できた範囲で，森の癒し効果に関する研究から分かっていることを紹介してみたい．

　本章では，本題に入る前に，人にとって「癒し」とはどういうものか，また，どのように森の癒しが注目されるようになってきたのか，森の癒し効果研究を理解する上の前提について一瞥しておきたい．

（1）　辞書的な「癒し」の定義と現代語の「癒し」

　本章のキーワードとなる「癒し」であるが，まず，辞書での説明を見てみよう．『広辞苑』を引くと，「病気や傷をなおす．飢えや心の悩みなどを解消する」ということである．つまり，心身に何らかの明白な問題を抱えた状態であることが前提で，その問題を解決することを意味している．なるほど，治癒，快癒といった熟語に使われる「癒」の意味とも符合する．

　しかしながら,実際に我々が日々使うものとは,若干ニュアンスが異なる.「癒される」,「癒し系」といった言葉が使われる場面を想像していただければわかるように,それは必ずしも病気や怪我を負った状態を前提としていない. 健康,あるいは不健康を自覚していない状態であっても,「癒される」のである. 明白な問題のない状態から,より快適な,満足を得られる状態になることを「癒し」というようになっている.

　なお,暫定的ではあるが,富士癒しの森研究所では,「癒し」を「身体的・心理的・感覚的な満足を得ること」と定義した上で,諸活動に取り組んでいる. 辞書的な意味での癒しも含むが,気持ち良い,安らぎを感じる,いい匂いがする,といったような場面をひっくるめて「癒し」と捉えたい.

(2) 様々な「癒し」の形

　ひとまずは「身体的・心理的・感覚的な満足を得ること」と定義しうる「癒し」であるが,何が人にとっての満足かという主観に依ってたっている. 誰にとって何が満足かによって,「癒し」の形は多様になってくるし,極端な場合,ある人にとっての「癒し」が別の人にとってはその反対となることもありうるということになる.

　富士癒しの森研究所の教育活動の中で得られたちょっとしたエピソードを紹介しておきたい. 筆者とその同僚は大学の1・2年生を対象とした「癒しの森を考える」という講義を開講していたことがある. その講義の終盤は現地での実習形式となり,学生は4～5人の班に分かれて,それぞれに演習林内の任意のエリアをなるべく現実に即して,癒しの場として整備,運営する企画案を創出するという課題が与えられる. その中で印象に残っている学生たちの企画案に,筋力トレーニングの場として森林空間と整備で発生する木材を生かすというものがあった. この班は,たまたまくじ引きで男子だけの構成になっていた. 他の班は,おしなべて苦しみの要素が排除された,どちらかというと静的な森での過ごし方,楽しみ方を提案するものであったので,異彩を放っていた. 彼らの説明する「癒し」を求める活動は,体力に自信のないものからすれば,苦痛以外の何物でもないだろう. しかし,若く血気盛んな彼らからすると,れっきとした「癒し」=身体的・心理的・感覚的な満足なのである.

辞書的な定義から，現代において日常的に使われる「癒し」の意味について確認し，その具体的内容は人の主観によって大きく変わりうることを見てきた．ここでは特に，様々な「癒し」の形があることを指摘しておきたい．

2　森の癒しへの期待

(1)　日本人と野山の癒し

次に，現代という時代になぜ森の癒しに注目が集まっているのかを考えていくことにしたい．そのために，少し視野を広げて，自然が癒しの場として注目されてきた経緯や背景を駆け足で振り返ってみよう．

古来より，日本人は野山に遊ぶことをしてきた．万葉集に収められている山部赤人の歌「春の野に菫採みにと来しわれぞ　野をなつかしみ一夜ねにける」は，野山でスミレを摘んでいた過去を懐かしむものであるが，これは，野山で摘み草をする楽しみ，すなわち「癒し」が内在していたことを示すものであろう．時代が下って，江戸時代には庶民の行楽が盛んに行われとされる．「物見遊山」などと呼ばれた人々の行楽は多くの史料に記録されたり，あるいは今の旅行ガイドブックに近い名所図絵が各地で発行されたりしており，当時の行楽行動の活発さをうかがい知ることができる．例えば，図2-1は関西地方で人々がキノコ狩りに興じている場面を描いたものである．ここに描かれた人々の楽しげな表情や仕草は，人々が野山に遊んでいた様子を雄弁に物語っている．

このように日本人は「癒し」の場として，長らく野山に親しんできたと言えるが，これが社会的（政策的）課題となるのは明治以降のことである．その先駆けとして，国立公園設立運動をあげることができる．この動きが表面化してくるのは明治時代末期である．明治維新以降数十年，「富国強兵」を掲げて近代化の道を進んだ先にあったのが，景勝地を含む自然の乱開発の懸念と，労働者にとっての休養の必要性である．国立公園設立運動（第5章参照）は，いわば近代化の反省の上に持ち上がってきたものであり，なかでも観光的利用を促進し国民の休養，娯楽に，ひいては地域経済振興策としようとする論者がこの運動の中で主導的な役割を果たした [村串 2005]．こうして大自然を国民にとっての休養の場として保護する制度として昭和6（1931）年に国立公園法（現行法は

図2-1　金竜寺山松茸狩『摂津名所図会』巻五
（出所）国立国会図書館デジタルコレクション.

自然公園法）が成立した.

(2)　余暇の増大とレクリエーション

　第二次大戦後,苦しい復興期を乗り越えて日本社会は高度経済成長期を迎え,人々の生活水準は急激に改善した.この間に起きた変化を表2-1をもとに簡単に確認しておこう.まず,家計の収入が飛躍的に伸びた.加えて,家計に占める食費の割合,すなわちエンゲル係数が大きく低下したことで,娯楽などへの

表2-1　高度経済成長期を経た社会経済状況の変化

	1955（昭和30）年	1965（昭和40）年	1975（昭和50）年
平均家計収入（1,000円）	29.2	65.1	236.2
エンゲル係数（%）	44.5	36.2	30
乗用車普及率（%）	−	9.1	41.2
自由時間（時間.分/日）	5.13	6.18	6.48

（出所）『日本統計年鑑』より作成.

出費を増やす余裕が生まれたと言える．この期間後半には，乗用車が広く普及するようになった．自由時間も徐々に増加し，余暇を過ごすための行動範囲も大きく広がったと考えられる．事実，こうした時代背景の中，1961（昭和36）年には「レジャーブーム」という言葉が生まれるほど，人々の娯楽活動が活発になった（例えば，『朝日新聞』1961年12月23日朝刊4面）．

　レジャーというと，単に娯楽や余剰な時間の過ごし方という語感で捉えられがちであるが，一方では切実な希求を含んでいたと見ることもできる．国立公園運動の背景にあったのが，労働者にとっての必要性だったように，高度経済成長期における懸命な労働への従事は，一方で，気晴らし，リフレッシュすることへの希求をも生起するものであっただろう．レジャーと同類の言葉として時に混同されるレクリエーションであるが[1]，これは，re（再び）＋creation（創造する）というように成り立っており，原義としては元気を回復するための活動というものであった［片岡・浅田・芳賀ほか 1978］．レジャー，レクリエーションいずれも自発的な活動であるという共通点が見出されていることから［青野2014］，特に雇用労働者のように非主体的な勤労形態にある人々にとって，レジャーやレクリエーションがもたらす癒しは切実な必要でもあったのではないだろうか．

（3）　都市化と自然環境の「癒し」

　レジャーあるいはレクリエーションは必ずしも自然環境での活動だけではないが，ハイキングや登山，川遊びや，海水浴など，自然環境を活動の場とすることは一般的である．それでは，人々は回復のための活動をしようとするとき，なぜ自然を求めるのか．この点に関して品田［2004］は，人が緑を求めるのは，都市化＝生活空間から緑が失われていることの反動であるとする．上述した万葉集の歌のように自然を求める心情をあらわした詩歌は，都が発達した奈良時代以降に見られるものであるとし，物見遊山が江戸時代に興隆を見たのも，江戸をはじめとする大規模な都市化が背景にあったとする．さらに品田［2004］は，人口密度の異なる幾つかの町に住む人々を対象にした意識調査から，人々が居住する地域の人口密度の違いによって人々の緑に対する意識が異なってくることを実証した．例えば，人々が暮らす地域の人口密度が2700人／k㎡ほどを超え

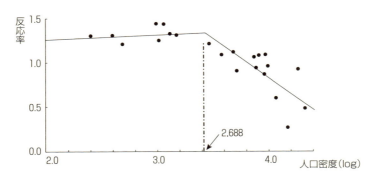

図2-2　居住地の窓から見える緑に対する肯定的反応

（出所）品田 [2004].

ると，人々は居住地から見える緑に満足を感じられなくなるという（図2-2）．
こうした，居住地周辺の自然環境への不満から，人々は少しでも身近な自然環
境を守ったり（保護行動），失われた自然を回復しようとしたり（直接回復行動），
自然の豊かなところへ出かけたり植物などを育てたりする（間接回復行動）こと
で欲求を満たそうとするという（第12章参照）．

　都市化は人々の自然への希求を強めうるという視点が得られたところで，日

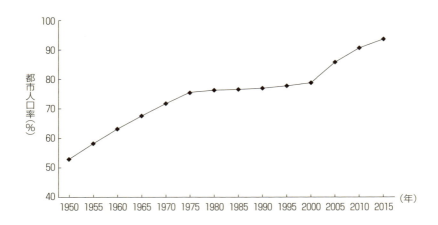

図2-3　日本における都市人口率の変化

（出所）Uited Nations, *World Urbanization Prospects* より作成.

本における都市化の動きを確認しておこう（図2-3）．高度経済成長期を通じて日本の都市人口率は漸増し，現代に至ってまた増加の傾向が顕著に見られる[2]．最近の都市人口率は 9 割を超え，もはや極限に近づいていると言える．

　少し回り道となってしまったが，このように見てくると，人々が森に癒しを求めようとする背景に，特に雇用労働にいそしむようになったことや，居住地周辺が緑に乏しくなってきたという時代変化との関係が見えてくる．そして，これらの要因は，今もなお強く働き続けていると言えるだろう．

（4）　「森林浴」の提唱

　ところで，森林・林業をつかさどる林野行政の中では，これまでレジャーあるいはレクリエーション需要の高まりを受けて1969（昭和44）年以降，国有林の一部を自然休養林として設定する事業を展開した．そして，1982（昭和57）年，林野庁は今の「森の癒し」研究の源流となる「森林浴構想」を打ち出した（『朝日新聞』1982年 7 月29日朝刊 1 面）．この構想が打ち出されると，徐々に「森林浴」は人口に膾炙していった（図2-4）．この動きに呼応するように，森林浴の効果を科学的に確かめようとする研究が1980年代に登場した［日本健康開発財団

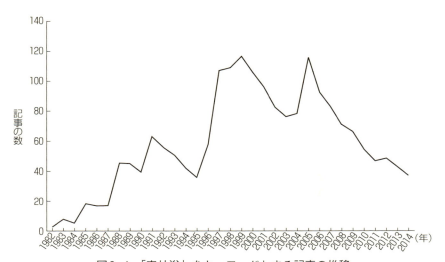

図2-4　「森林浴」をキーワードとする記事の推移

（出所）『朝日新聞』記事データベース『聞蔵Ⅱ』より作成．

1985]．さらに，1990年代以降，継続的に研究が重ねられ，日本は世界の中で
も森林と健康についての研究蓄積が豊富な国となっている［森田・岩井・阿岸
2008］．それでは，いよいよ次節で森の癒しに関する科学的研究成果を見てい
こう．

3　森の癒し機能

(1)　どうやって癒し機能を確かめるのか

　森の癒し機能を測る方法は，大きく分けると，① 厳密な実験による方法，
② 森林内での活動を実践する中での観察や質問票調査による方法，③ 大人数
を調査対象とする疫学的な調査の三つのアプローチがとられてきた．

　厳密な実験は，明らかにしようとする機能が確実に証明できるように，結果
の解釈にとって余計となる要因を極力排除して行おうとするものである．例え
ば，森林では天候や気温が大きく変化することがありうるし，蚊など不快な虫
が飛んで来ることもある．また，実験を受ける被験者も，場合によっては，薬
の服用をしていたり，前日の飲酒などにより気分が悪い状態だったりする可能
性がある．実験を通して，これらの条件がバラバラだと，純粋に森林浴の効果
を見いだすことが不可能になるため，実験をする場合には，あらかじめ様々な
制約を設定した上で実施される．

　もっとも実験環境をコントロールした方法としては，実験室内で森林内の映像を被験者に見てもらうことによって，その視覚的な効果に限定して効果を測定する方法がある．屋外の森林に実際出て実験するフィールド実験は，寒すぎる日を避け，森林内で

写真2-1　森林内での座観による実験の様子

森林景観の視覚的な刺激がもたらす効果を前方のスクリーンの開閉に
よって確かめる実験であるが，嗅覚や聴覚，触覚（温度感覚）の影響
も含んだ上での結果となる．

の過ごし方も座って森林をただ眺める（以下，座観とよぶ）か規定のルートの歩行に限定される（**写真2-1**）．被験者も服薬をしていない健康な人に限定し，前日に暴飲暴食をしないこと，場合によって，実験当日のコーヒーは避けることなどを要請する．こうした実験では，血圧や心拍変動，脳血流，唾液中の酵素成分など生理的な指標と，質問票調査による心理的な指標がセットで計測される．

　主に「森林療法」と呼ばれる森林活動を実践する中で得られるデータは，科学的厳密性という点では課題はあるものの，座観や歩行にとどまらず，より活動的な過ごし方（癒され方）の評価にも知見を広げるものである．冒頭で見たように，森の癒しは様々な形がありうるという点で，こうした試みによる知見は意義深いものである．

　大規模に行われる疫学的調査は，被験者が数百人〜数千人という単位で実施されるもので，統計処理によって確度の高い結果が得られる点がすぐれている．しかしこれほどの人数に同一とみなせる森林浴体験をしてもらうことは極めて難しい．そのため，例えばアンケート調査にて森林へ行く頻度を訪ね，これと健康状態（認識）との関係を見るような，森林浴の質・量および健康状態を粗くとらえた上での結果が得られている．

　以下では，実地に即した具体的な効果を理解するために，フィールドで実際に得られた知見，すなわち実験室内での実験ではなくフィールド実験で得られた知見，および実践の中で得られた知見に絞って見ていきたい．

（2）　フィールド実験で実証された森の癒し機能

1）　生理的な効果

　脳血流，血圧，心拍，唾液，尿，血液などの分析・測定によって，森林浴が身体に及ぼす効果が実証されている．主だった結果を**表2-2**に示す．

　計測例はあまり多くないが，脳血流中のヘモグロビンの量を分析することで，脳の活動の活性を知ることができる．ヘモグロビン（Hb）が多いと，それは脳が活発に動いていることを示しており，逆に少ないと，それは脳が沈静化していることを示す．**表2-2**の実験は，森林部と都市部でそれぞれ，歩行，座観の前後での変化を検証したもので，この時に前頭前野の脳血流動態が測定された．

表2-2　実験によって明らかになった森の癒しの生理的効果

測定内容	実験設定	結果概要	文献
脳血液動態（脳ヘモグロビン濃度）	森林と都市における歩行及び座観の前後を比較	森林においてヘモグロビン濃度の低下＝脳活動の鎮静化が認められた	森本ら [2006]
脈拍	森林と都市における歩行及び座観の前後を比較	森林において都市よりも座観後の脈拍の低下が見られた.	大井ら [2009]
血圧	森林浴を取り入れた保養プログラムを実施し，その前後で比較	特に高血圧の被験者群において収縮期血圧の有意な減少が認められた.	森本ら [2006]
	森林と都市における歩行及び座観の前後を比較	収縮期血圧，拡張期血圧ともに，森林において都市より低下した.	大井ら [2009]
心拍変動（HF値，及びLF/HF値）	森林と都市における歩行及び座観の前後を比較	森林において副交感神経活動の増加と，交感神経活動の低下が認められた	大井ら [2009]
唾液中コルチゾール濃度	森林と都市における歩行及び座観の前後を比較	森林において都市よりも濃度が低かった.	大井ら [2009]
尿中ストレスホルモン（アドレナリン等）	森林浴と都市部の旅行の前後を比較	森林浴をした場合に尿中ストレスホルモンの低下が認められた	大井ら [2009]
血中NK細胞	森林浴と都市部の旅行の前後を比較	森林浴をした場合に血中のNK細胞の増加が見られ，森林浴前より高位の状態が1週間以上持続することが認められた.	大井ら [2009]

（注）表中に掲げた文献はいずれも科学雑誌に発表された論文等を総説としてまとめたものである.

　この実験で，歩行・座観いずれの場合であっても，森林環境にあるときに脳が明らかにヘモグロビン濃度を示す値が低下することが認められた．このことは脳の活動が鎮静化，すなわちリラックスする傾向があったことを示している.

　脈拍と血圧は，森林浴の効果を図る実験では，必須項目となっている．**表2-2**に示した脈拍についての結果は，上記と同様の実験24例を総合して示された結果である．森林において脈拍が低下したことが確認されており，森林浴によって身体がリラックスしたことを支持する結果が得られている.

　血圧については，森林での保養プログラムを実施した前後で計測した血圧について比較した実験，及び上記と同様の実験により測定されている．後者の実験では，上述の脈拍と同様，同様の実験例24例を総合した結果，森林においては全般的に血圧が低下することが示されている．前者の実験では，もともと高血圧の人ほどより大きな血圧低下の効果があることが示された．森林浴によってリラックスしたこと，さらに，高血圧症の予防や改善につながる可能性が指

摘されている．

　心拍も計測例の多い項目である．心拍の分析により，交感神経と副交感神経の働き具合を知ることができ，緊張状態にあるのかリラックス状態にあるのかを読み取る指標になる．森林と都市の比較実験において心拍変動を分析した実験24例を総合した結果では，森林において，リラックスしているときに働く副交感神経の活動指標（HF値）がより高い値となり，活発に活動しているときに働く交感神経の指標（LF/HF値）がより低い値となることが認められている．すなわち，この指標からも，森林浴によって身体がリラックスした状態になったことが示された．

　唾液のサンプルを採取し，その中のアミラーゼやコルチゾールといった成分の濃度を計測することによって身体のストレス状態を検証する方法も多く行われている．表2-2 に取り上げたのは，ストレスホルモンであるコルチゾールの濃度を分析した結果である．これも森林と都市の比較実験において心拍変動を分析した実験24例を総合した結果であり，これにより，森林においてはコルチゾール濃度がより低くなったことが示されている．この計測項目からも身体がリラックスしたことが分かる．

　医療関係者による専門的な取り扱いが必要なため，あまり測定例は多くないが，採尿・採血によっても森林浴の効果が確かめられている．採尿と採血を行った実験は，森林環境に２泊３日滞在し森林遊歩道を散策した場合と，都市環境に２泊３日滞在し都市内での散策をした場合が比較検討された．採尿による測定では，アドレナリンなどのストレスホルモンが分析され，森林の場合においてこれらストレスホルモンが明らかに低下することが示されている．採血による測定では，免疫機能をつかさどる血中のNK（Natural Killer）細胞について分析された．この実験により，森林の場合において，NK細胞が増加することによる免疫機能の活性化が認められ，さらにその効果が１週間以上持続することが明らかにされている．

　このように，数々の生理的な指標によって，森林浴は全般的にストレスを軽減し，リラックスする効果があることが示されている．また，高血圧症の予防や，免疫活性の増加など，より積極的な健康増進につながりうる結果も得られている．

2)　心理的な影響

　これまでに見たような実験では，同時に質問票に回答してもらうことで，心理面での森林浴の効果が測定されている．心理調査票による測定例を表2-3に示す．

　最も多く実験で用いられているのはPOMS（Profile of Mood States）調査票である．これは米国の心理学者によって開発され，日本語版が市販されている．調査時の気分について，「緊張する」「生き生きする」など調査票に示される項目に，それぞれ現在の気分の当てはまり具合を段階評価で回答してもらい，その回答から「緊張-不安」「抑うつ-落込み」「怒り-敵意」「疲労」「混乱」「活気」を示す尺度を得点化することによって分析が行われる．これまで行われて研究では，森林浴によって心理的なストレスが軽減し，リラックスしたことが示され，場合によって，快活な気分が高まることが示されている．

　主観的な快適感と鎮静感を段階評価で回答してもらった結果では，歩行，座観いずれの場合も，森林では快適感，鎮静感について明らかにプラスの評価が

表2-3　実験によって明らかになった森の癒しの心理的効果

心理調査票	実験設定	結果概要	文献
POMS調査用紙	森林と都市における歩行及び座観の前後を比較	森林において「緊張-不安」が減少し，「活気」が増加した	大井ら[2009]
	森林と都市における歩行の前後を比較	「緊張-不安」「抑うつ-落込み」「怒り-敵意」「疲労」「混乱」の尺度において，森林で低下したのに対し，都市では増加．	高山[2012]
快適感と鎮静感の主観的評価	森林と都市における歩行及び座観の前後を比較	歩行，座観いずれの場合も，森林において快適感および鎮静感の評価が得られた	森本ら[2006]
疲労感に関する自覚症状しらべ	森林浴と都市部の旅行の前後を比較	身体症状，精神症状，身体違和感いずれの項目においても森林浴後に自覚症状の得点が低下した	大井ら[2009]
PANAS調査票	森林浴の前後を比較	森林浴によってポジティブな感情の得点が増加	高山[2014]
ROS調査票	森林浴の前後を比較	森林浴によって回復感を示す得点が増加	高山[2014]
PRS調査票	森林において，視界を遮蔽した場合と開放した場合の座観後の評価を比較	森林景観を座観した（開放）した場合に，注意回復力を示す，「逃避」「魅了」「ゆとり」「適合性」の指標で得点が高かった．	高山ら[2014]

（注）表中に掲げた文献は，高山ら[2014]以外は科学雑誌に発表された論文等を総説としてまとめたものである．

されていたのに対し，都市では逆にマイナスの評価がされていた．

　日本産業衛生学会疲労研究会によって開発された自覚症状しらべは，疲労感についての回答を身体症状，精神症状，身体違和感それぞれに得点化して測定する方法である．これを森林浴の実験に用いた例によれば，いずれの得点項目も森林浴前に比べて森林浴後に低下した．

　近年は，専門的な検証を経て確立した新たな心理調査票を用いた森林浴の効果を測定する実験もある．

　PANAS（Positive and Negative Affect Schedule）はポジティブな感情とネガティブな感情について分析する質問票であり，これまでの実験例では，森林浴によってポジティブな感情が増すことが確かめられている．

　ROS（Restorative Outcome Scale）は主観的回復感指標と呼ばれ，疲労した心の状態がどれほど回復したと感じられているかを見るために開発されている．これを用いた実験例では，森林浴後に回復したと感じる数値が明らかに上昇したことが報告されている．

　PRS（Perceived Restorativeness Scale）はある環境について，それが精神的な注意力をどれほど回復させるのかを，五つの指標から評価する方法である．これを用いた実験例では，森林を座観できる環境に置かれていると，注意回復力が向上するという結果が得られている．

　以上，見たように，フィールド実験から，森林浴の効果として，身体面，心理面ともにリラックスするという効果が確認されている．しかしながら，冒頭で見たように，「癒し」を得るための活動は，人によって多様である可能性を考えると，実験の制約上，ごく一部の「癒し」効果を見ているに過ぎない，ということも事実である．次に，より視点を広げるために，より活発な活動形態を取り入れている森林療法の実践例を見ていこう．

(3)　森林療法の実践から得られた知見

　森林療法では，森林内の清掃をしたり，協力して丸太を運んだりする，簡単で安全な軽作業（作業療法）が多く取り入れられる．簡単であると言っても，フィールド実験で行われる座観や歩行よりは明らかに活発な活動形態であり，また参加者同士の協働という要素も含むことがある．

　自閉症や知的障害者のクライエントに対して長期的に森林療法や森林浴を体験させたところ，自閉症クライエントのパニック回数が減少し，知的障害クライエントの障害行動が減少したことが報告されている．さらに，自閉症クライエントは入所時と比べて，3年後には作業能力，コミュニケーション能力において明らかな能力向上が見られた．知的障害クライエントは入所時と比べて，1年半後に身体能力，コミュニケーション能力，感情安定度，基本的生活能力において明らかな能力向上が観察されている［森本・宮崎・平野編 2006］．

　作業療法は，健常な人々にとっても良好な効果をもたらしうる．上原［2012］は都市部に居住するサラリーマンを対象に，間伐作業や森林散策を含むワークショップに参加してもらい，その前後での気分調査やアンケート調査などを実施した例を報告している．気分調査では，ワークショップの後に，「緊張と不安」「疲労感」「抑鬱感」「不安感」を示す値が低下し，「爽快感」を示す値が上昇した．ワークショップ終了後のアンケートでは，悩みの緩和，自己肯定感，体力の向上といった項目に比べて，樹木や山林への親しみが増したことや，参加者同士のコミュニケーションが図られたことがより高く評価されていた．

　森林療法に見られるような，より活発な活動に特徴的な効果として見出されるのは，人と人のコミュニケーションが促進されているという点である．もちろん，これはグループでの活動を行った結果であるため，個人での活動を行った場合には異なった結果となる可能性が高い．しかしながら，これは厳密なフィールド実験では見出し難かった貴重な知見である．社会的にも意義深い知見といえよう．

4　「近い森林」を求めて

　現実に森林をフィールドとした研究から，心身両面の様々な森の癒し効果を見てきたが，同時にそうした結果が得られた森林での活動あるいは過ごし方は，私たちが森に癒しを求める活動のあり方のごく限られた部分でしかないことにお気付きだろう．森の癒しを科学的に示すには，まだまだ多くの検証すべきことが残されている，というのが現状なのである．例えば，森の癒しの効果の感受性についての個人差を考慮することや，より幅広い活動内容を検討対象にす

ること，より多様な活動のシチュエーションを想定すること，森林環境の相違
（例えば手入れの有無）に基づく比較など，数え上げればきりがない．

　こうした科学的検証の努力の継続は必要であるとして，森林療法の例に見る
ような，実践からスタートすることも非常に大事なことであると筆者は考える．
森林と関わる多様な活動に取り組む中で，それぞれの個人にあった関わり方，
活動の仕方を見つけ出すことが，森の癒しを得る近道になると考えるからであ
る．

　第2節で見たように，現代社会では，より緑への欲求が高まっていると言え
る．その一つの要因が，好むと好まざるとにかかわらず私たちの住環境はより
緑の少ない環境になっている，ということであった．ここで，筆者が関わって
いる大学教職員向けの演習林ガイドで継続的に撮り続けているアンケート調査
からの結果を紹介しよう．アンケートでは，森林活動の例を24示し，年間1回
以上実施しているものを選択してもらい，また，居住地について市区町村単位
で回答してもらっている．これらのデータから居住地の人口密度別に森林活動
の多さを集計したものが**表2-4**である．住んでいる街の規模が大きいと，緑へ
の希求はより強いと想定されるものの，森林での活動には取り組みにくい，と
いう現実が厳然とあることが見受けられる．その背景には森林との物理的な距
離や，森林に親しむための術や知識を持たないといった事情があるであろう．

　かつて，菅原・北村・市川ら［1995］は日欧の比較研究から，日本人は森林
に対して心理的な親近感を感じているいっぽう，実際には森林を散策するなど
森林に足を運んで親しむ行動は低調であるという興味深い事実を指摘した．**表**

2-4のような実態を見る限り，その特徴
は今も変わっていないようであり，特に
大きな都市に住む人にとって森林は遠い
存在であるようだ（第12章参照）．

　このような現実を考えるとき，いくつ
かの都市に隣接して残っている森林，す
なわち都市近郊林は極めて貴重な存在と
言えるだろう．六甲山を抱える神戸市は，
日本の中でも恵まれた都市の一つである

表2-4　居住地の人口密度と森林活動の多寡

参加者居住地の人口密度（人/㎢）	年間1回以上する森林活動の平均値（種類）
5000未満	4.8
5000-10000未満	3.0
10000-15000未満	2.7
15000以上	2.8

（注）2011-2013年のデータ．有効回答110．
（出所）東京大学富士癒しの森研究所における東大教職員向けガイドの参加者アンケート

表2-5 簡易な心理調査のできるROS調査表

森林浴 前・後	全く当てはまらない	ほとんど当てはまらない	どちらかといえば当てはまらない	どちらともいえない	どちらかといえば当てはまる	よく当てはまる	非常によく当てはまる
1.穏やかな落ち着いた気分である。	1	2	3	4	5	6	7
2.集中力と周囲に対する注意力が高まっている。	1	2	3	4	5	6	7
3.毎日の日課に対して新たな意欲と活力を感じる。	1	2	3	4	5	6	7
4.元気を取り戻し、安らかでくつろいだ気分である。	1	2	3	4	5	6	7
5.日々の心配事に煩わされることがない。	1	2	3	4	5	6	7
6.頭がすっきりしている。	1	2	3	4	5	6	7

森林浴前（合計点）＝　　　点　　森林浴後（合計点）＝　　　点
回復得点：森林浴後－森林浴前＝　　　点
(出所) 高山［2014］.

と見えてこないだろうか．筆者は，物理的に身近な都市近郊林には，近くの都市住民がもっと積極的に関わって，もっと森の癒しの恩恵を引き出した方が良いと考えている．むしろそれが，都市化の進んだ現代社会における自然な流れでもあると思っている．

　恵まれた環境を生かし，まずは森に近づき，身をもって森の癒しを体感してみてはどうだろうか．さらに，次のステップとして，身近な森の癒し効果について，興味の赴くままに検証してみてはどうだろうか．最近では，簡易な血圧計や心拍計が「ウエアラブル端末」として安価に市販されるようになっている．また，質問項目が少なくて簡単に心理調査のできるROS調査票（**表2-5**）が公開され，購入の必要もなく使用することができる［高山 2014］．こうした簡単な機器や心理調査票を用いることで，いわば「市民調査」が森の癒し効果についても可能になる．専門的な研究結果を待たずに，実際に身近な森が秘める癒し効果を確かめられるということである．

　身近な森への接近をだいぶ強調してきたが，注意を要することがあることもぜひご理解いただきたい．森林に入るということは，落ち枝や倒木，棘や毒を持つ植物，あるいは野生動物により危害を受けるというリスクもつきまとう．リスクは完全にゼロにはできないものの，ゼロに近づける対処法は存在する．

また，森林には必ず所有者がいて，当然ながら，勝手に侵入し勝手なことをされることが迷惑とされることが多々ある．したがって，森林に親しむ経験が少ない人の場合は，まず，森林についてよく知っている人について付き合い始めるのが望ましい．森林に親しむイベントなどが企画されていれば，そうしたイベントに参加することが，森林に近づくための良い入り口になるだろう．

　その次のステップとして，ぜひ森林が安全かつ快適に親しめるような環境にするための作業にも参加してもらうことが望ましい．今の日本の森は，多くの場合，長年手入れがされずに，その中に入るのは必ずしも快適でなかったり，倒木等による危険が高まっていたりする．本章でみたように，森林での作業は，「作業療法」としての側面も持ちうる．理想を言えば，実際に森林を管理している地元在来の方々と一緒になって作業をしてもらいたい．協働での作業がお互いのコミュニケーションを促進し，森林により親しみやすい社会的土台ができるだけでなく，そのコミュニケーション自体が「癒し」となることも期待できる．名実ともに「近い森林」を求めることが，森が秘める癒しの効果をより引き出すことにつながるに違いない．

注

1）レジャーとレクリエーションの定義および関係性については，研究者間でも違いが見られる．一般的には，主体性を持った余暇活動全般をレジャーとして，その中でも，労働の疲れを回復する目的で行われるものをレクリエーションと呼ぶことが多い．これら厳密な区分には立ち入らないこととする．

2）都市人口の算出要件が2010年以降に変わっているため，それ以前と単純に比較はできないが，この算出方法が変わったのちも都市人口率は明らかな増加傾向が示されている．

参考文献

青野桃子［2014］「余暇研究におけるレクリエーションとレジャーの関係——「余暇善用論」の視点から——」『一橋大学スポーツ研究』33，pp. 34-44.

上原巌［2012］「森林保険活動の対象者とプログラムの作成」，日本森林保健学会編『回復の森——人・地域・森を回復させる森林保健活動——』川辺書店，pp. 172-218.

大井玄・宮崎良文・平野秀樹編［2006］『森林医学 II ——環境と人間の健康科学——』朝倉書店.

片岡曉夫・浅田隆夫・芳賀建治・平井章［1978］「レクリエーションの概念の限定に関する一考察——日本の概念の限定と欧米の概念の限定にもとづいて——」『筑波大学体

育科学系紀要』1，pp. 15-23.

齋藤暖生［2014］「「癒し」でつなぎなおす森と人──大学演習林からの挑戦──」，三俣
　　学編『エコロジーとコモンズ──環境ガバナンスと地域自立の思想──』晃洋書房，
　　pp. 191-206.

品田穣［2014］『ヒトと緑の空間──かかわりの原構造──』東海大学出版会.

菅原聡・北村昌美・市川健夫・赤坂信［1995］『遠い林・近い森──森林館の変遷と文明──』
　　愛智出版.

高山範理［2012］『エビデンスから見た森林浴のストレス低減効果と今後の展開──心身
　　健康科学の視点から──』新興医学出版社.

高山範理［2014］「森林浴の愉しみ3　心理的なリラックス効果とその特徴」『UP』43(11)，
　　pp. 36-41.

高山範理・藤原章雄・齋藤暖生・堀内雅弘［2014］「オンサイトにおける森林風景の有無
　　が主観的回復感・感情・注意回復力にもたらす影響」『ランドスケープ研究』77(5)，
　　pp. 497-500.

日本健康開発財団［1985］『研究年報Ⅶ』日本健康開発財団.

村串仁三郎［2005］『国立公園成立史の研究』法政大学出版局.

森田えみ・岩井吉彌・阿岸祐幸［2008］「ドイツにおける健康関連分野での森林利用に関
　　する研究」『日生気誌』45(4)，pp. 165-172.

森本兼曩・宮崎良文・平野秀樹編［2006］『森林医学』朝倉書店.

第II部 六甲山を巡る利用と政策の変遷

（撮影：川添拓也）

第3章
都市山六甲の植生の成り立ちと今後の課題

1 六甲山地の原植生

(1) 概　　要

　現在六甲山地に成立している植生はすべて人の手の加わった植生であり，人の手の加わった植生は代償植生とよばれている．縄文時代末期の人の手が加わる以前の原生状態の植生は原植生とよばれている [服部 2014]．その人の手が加わっていない時代の日本の原植生を相観（外観）によって区分すると，**表3-1**，**図3-1**に示したように照葉樹林，夏緑樹林，針葉樹林，高山草原の四つの群系（formation）に区分される [服部 2014]．日本は多降水量なので，上記四つの群系（植生単位）は気温条件の違いによって決定されている．水平分布では照葉樹林は日本列島の南部に，夏緑樹林は中央部に，針葉樹林と高山草原は中北部に広がっている．近畿地方における垂直分布をみると，海抜500-800m以下に照葉樹林，500-800mから1500-1600mまでに夏緑樹林，1500-1600m以上に針葉樹林が成立する．近畿地方には高山がないため，高山草原は分布していないが，針葉樹林は大台ヶ原，大峰山の1500m以上の山地にわずかに分布している．

　六甲山地における原植生は照葉樹林と夏緑樹林の二つであり，750mを境に下部に照葉樹林，上部に夏緑樹林が分布している（図3-2）．

表3-1　群系*による日本の原植生**と気候帯および垂直分布帯の対応

群系名	気候帯	垂直分布帯
照葉樹林	暖温帯	丘陵帯
夏緑樹林	冷温帯	山地帯
針葉樹林	亜寒帯	亜高山帯
高山草原	寒帯	高山帯

＊：植生の外観に基づいて区分された植生単位．
＊＊：人の手が加わる以前，約3000年前の植生．

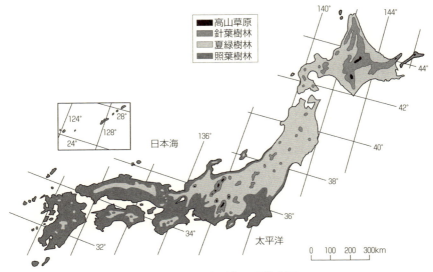

図3-1　日本列島の原植生図

(注) 高山草原はツンドラに対応.

(2) 照葉樹林

照葉樹林は丘陵帯（垂直分布帯）・暖温帯（気候帯）の原植生で，ヤブツバキで代表されるような光沢のある葉を持つ照葉樹によって構成される常緑広葉樹林である．六甲山地では海抜750m以下に成立する（図3-2）．本樹林は海抜400m前後を境として，下部のシ

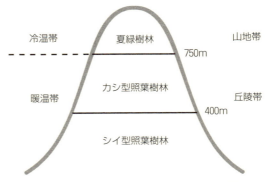

図3-2　六甲山地における照葉樹林と夏緑樹林の分布

イ型照葉樹林（コジイ-カナメモチ群集）と上部のカシ型照葉樹林（ウラジロガシ-サカキ群集）に区分される．

シイ型照葉樹林は高さ25m，胸高直径1.5mにも達するコジイ，スダジイ，アラカシなどの照葉高木の優占する高木林である．本樹林の階層構造は5層に

区分される．高木層はコジイ，アラカシなど，亜高木層はヤブツバキ，サカキなど，第1低木層はヒサカキ，ネズミモチなど，第2低木層はセンリョウ，マンリョウなど，草本層はエビネ，シュンランなどより構成されている．その他つる植物，着生植物が各階層に広がっている（図3-3）．

カシ型照葉樹林の階層構造は前者と同じであるが，高木層の優占種はアカガシ，ウラジロガシなどのカシ類であり，構成種は少なく単純化している．

（3）　夏緑樹林

夏緑樹林は山地帯（垂直分布帯）・冷温帯（気候帯）の原植生で，ブナのような夏緑高木によって構成される落葉広葉樹林である．国内では夏緑樹林はブナ型夏

図3-3　照葉樹林の断面模式図

階層構造は高木層，亜高木層，第1低木層，第2低木層，草本層の5層に分化．
高木層：コジイ，アラカシ，カゴノキ，モチノキ
亜高木層：サカキ，ヤブツバキ
第1低木層：ヒサカキ，カナメモチ，カクレミノ，シャシャンボ
第2低木層：アオキ，イズセンリョウ，アリドオシ，クチナシ
草本層：ベニシダ，ヤブコウジ，シュンラン，ヤブラン
つる植物：テイカカズラ，キヅタ，ムベ，サネカズラ
着生植物：マメヅタ，ノキシノブ，フウラン，セッコク

緑樹林とナラ型夏緑樹林に区分されるが，六甲山地ではブナ型夏緑樹林のみが海抜750m以上の立地の原植生と認められる（図3-2）．

六甲山地のブナ型夏緑樹林は高さ25m，胸高直径1.5m以上のブナ，イヌブナ，イヌシデ，ミズナラ，ホオノキなどの夏緑高木の優占する高木林である．階層構造は照葉樹林と同様5層に区分され，林内にはユキグニミツバツツジ，タム

高木層

亜高木層

第1低木層

第2低木層

草本層

図3-4　夏緑樹林の断面模式図

階層構造は高木層、亜高木層、第1低木層、第2低木層、草本層の5層
に分化.
高木層：ブナ、イヌブナ
亜高木層：タムシバ、イロハモミジ、リョウブ
第1低木層：タンナサワフタギ、ムラサキシキブ、ユキグニミツバツツ
　　　　　 ジ
第2低木層：ツクバネウツギ、コバノミツバツツジ、カマツカ
草本層：ミヤコザサ

シバ，タンナサワフタギ，クロモジ，ダンコウバイ，ヤマアジサイ，ミヤコザサ，スズタケなどの植物が繁茂している（図3-4）.

　六甲山のブナは遺伝子解析の結果，中国山地より南下したと推定されている．中国山地から六甲山地まで南下したと考えられる種として，ユキグニミツバツツジ，タムシバ，エゾエノキ，ヒメヘビイチゴ，タニウツギ，ヒメモチなどがあげられる．一方，紀伊山地から北上したと考えられる種はヤマアジサイ，ミヤコザサ，スズタケ，ヤブウツギなどに代表される．このように六甲山地の夏緑樹林は日本海側のブナ林であるブナ－チシマザサオーダーと太平洋側のブナ林であるブナ－スズタケオーダーの構成種が混生した極めて特異な種組成を有している［服部 2011］．特に高木層の優占種であるブナが中国山地よりの南下であり，低木層の優占種であるミヤコザサが紀伊山地よりの北上であるのは，六甲山地の生物相が6系統の生物群より構成されているということの一つの裏付けでもあり［服部 2011］，六甲山地の植物相の多様性を考える上でたいへん興味深い.

2 現存植生

(1) 概　　要

　現在，存在している植生，今私達が見ることのできる植生は現存植生とよばれている．国内の現存植生の中から樹林をとりあげ，それらを人の影響の有無等で区分すると，自然林，二次林（里山林），人工林に大別される（図3-5）.

　六甲山地では原植生として照葉樹林と夏緑樹林が広がっていたが（図3-2），

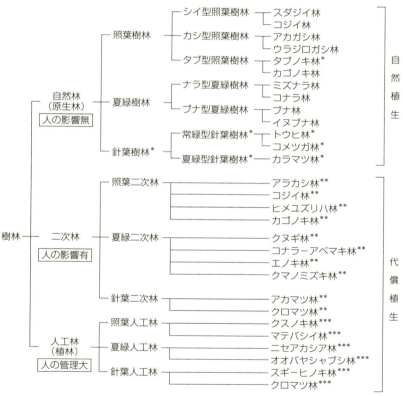

図3-5　樹林の自然性，相観，優占種による区分

*は六甲山地には分布していない樹林. **は正確にはアカマツ二次林などが望ましい. ***は正確にはクスノキ人工林などが望ましい.

弥生時代以降二つの原植生は破壊され，人の手の加わった代償植生に変えられた．わずかに自然林として照葉樹林と夏緑樹林が社寺等に分布している．照葉樹林は，シイ型照葉樹林とカシ型照葉樹林が社寺林として残存し，夏緑樹林は，ブナ型夏緑樹林が孤立林として小面積で残存している．

　六甲山地の二次林は，広い面積を占める夏緑二次林と針葉二次林の他に，一部，照葉二次林が点在している．

　人工林は針葉人工林の他，照葉人工林，夏緑人工林も分布している．

(2) 自　然　林

1) 照　葉　樹　林

　照葉樹林は海抜750m以下の原植生である．現存植生の自然林としての照葉樹林は海抜750m以下の山地の社寺に残存している．シイ型照葉樹林（コジイ－カナメモチ群集）は再度山大龍寺，西宮市公智神社などに，カシ型照葉樹林（ウラジロガシ－サカキ群集）は摩耶山天上寺，宝塚市塩尾寺などにわずかに見られる［服部ほか 2012］．階層構造，種組成は原植生の照葉樹林と同様である．

2) 夏　緑　樹　林

　夏緑樹林は海抜750m以上の原植生である．現存植生の自然林としての夏緑樹林はブナ型夏緑樹林（ブナ－シラキ群集）として紅葉谷などにわずかに点在するのみとなっている［服部ほか 2012］．六甲山地におけるブナの総個体数は100株程度であり，しかも大径木が多く，温暖化の影響も加わってブナ型夏緑樹林の絶滅が予測される．階層構造，種組成は原植生の夏緑樹林と同様である．

(3) 二　次　林

1) 定義と分類

　燃料生産を主目的として維持・管理されてきた樹林は，人里近くの山に成立していることから「里山林」，生産物の薪や炭から「薪炭林」，「燃料林」，樹林の再生が萌芽によって行われることから「萌芽林」，樹林の高さが低い状態で維持されていることから「低林」，たくさんの雑木から構成されていることから「雑木林」，伐採後に二次的に成立した樹林，あるいは二次遷移途上の樹林

なので「二次林」などの用語が使用されている．これらの用語は同じ意味ではなく，各々互いに違いがある．例えば，六甲山地では現在，燃料生産のために利用されている樹林はないので，里山林は存在せず，里山放置林が存在することになる．里山放置林は二次林には変わりないので，二次林は六甲山地に存在していることになる．つまり里山林の意味は狭く，二次林は広い

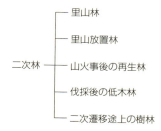

```
                ┌─── 里山林
                │
                ├─── 里山放置林
                │
  二次林 ────────┼─── 山火事後の再生林
                │
                ├─── 伐採後の低木林
                │
                └─── 二次遷移途上の樹林
```

図3-6　二次林と里山林等の関係

（図3-6）．たくさんの用語の中でもっともよく使用され，広い意味を持つ「二次林」を使用した．

　二次林は外観（相観）によって夏緑二次林，照葉二次林，針葉二次林に区分される（図3-5）．

　里山林では，里山林の3原則といわれる「伐採」，「更新（再生）」，「柴刈り（管理）」が順番に，また定期的に行われている（図3-7）．伐採の周期は地域によって異なる．六甲山地には現在里山林は存在しないが，かつては六甲山地においても20年程度の周期で伐採・利用されてきた里山林は存在していた．20年周期で伐採・利用されていた里山林の場合，伐採後，翌年萌芽で再生し始め，約20

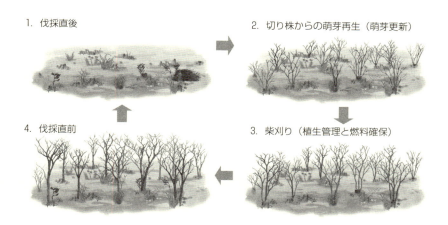

1. 伐採直後

2. 切り株からの萌芽再生（萌芽更新）

4. 伐採直前

3. 柴刈り（植生管理と燃料確保）

図3-7　里山林の管理

1～4の伐採の周期は地域によって異なり，10年から20年程度．

図3-8　里山林のパッチワーク景観
輪伐によって毎年一定量の燃料を確保. 林齢の異なる林分によるパッチワーク.

年で再び伐採できるようになる. したがって土地を20区画に分けて一年に一区
画ずつ伐採してゆくと, 毎年燃料を確保することができる. このような伐採の
仕方が「輪伐」である.「輪伐」によって伐採直後の林分から伐採直前の林分
までの伐採年次の異なる林分がパッチワーク状に配列され, 伐採後の草原的環
境から伐採直前の森林環境まで多様な環境が持続する. このような「パッチワー
ク景観」(図3-8) の展開している里山林が本当の意味での里山林である. 六甲
山地に広がっている二次林は里山林のように見え, たしかに, かつては里山林
として機能していたが, 現在はまったく利用, 伐採されておらず, パッチワー

ク景観も認められな
い. このような放置
された里山林を服部
[2011] は「里山放置
林」とよんでいる.
里山放置林と里山林
や自然林との違いは
表3-2, **図3-9**に示
した.

表3-2　里山林と里山放置林および自然林との比較

	里山林	里山放置林	自然林
林冠の高さ (m)	10 (以下)	10-20	20-30
林齢 (年)	10 (最大)	30-50	250以上
林冠木の太さ (m)	0.1-0.2	0.3-0.6	1-1.5
伐採周期 (年)	10-20	ー	ー
輪伐の有無	有	無	無
パッチワーク景観	有	無	無
柴刈り	有	無	無
林内の明るさ	明	暗	暗
種多様性	高	低	高

里山林

里山放置林

図3-9　里山林と里山放置林の違い
里山林の林内は柴刈りによって低木等は刈り取られ，里山放置林の林内は照葉樹，つる植物，ネザサ，コシダなどが密生．

2)　照葉二次林

　六甲山地の一部ではコナラ－アベマキ林やアカマツ林からの遷移が進み，照葉二次林化している林分もある．アラカシ林（布引の滝など）の他，一部ヒメユズリハ林（保久良神社，越木岩神社）やカゴノキ林（布引ハーブ園），アカガシ林（摩耶山）なども分布している．アラカシ林では高木層にアラカシが優占し，下層にはヒサカキ，カナメモチ，ネズミモチなどの照葉低木が繁茂し，林内は暗く，草本層にはほとんど植物は生育していない．種多様性も低い．

3)　夏緑二次林

　六甲山地ではマツクイムシ（マツノザイセンチュウ）によるマツ枯れが発生する昭和30年代以前はアカマツ林（針葉二次林，針葉里山林）が広い面積を占めていたが，マツ枯れ後の植生遷移によって夏緑二次林（里山放置林）に変わったので，現在では夏緑二次林がもっとも広い面積を占めている．

　夏緑二次林の中ではコナラ－アベマキ林が大半を占めているが，その他エノキ林，クマノミズキ林なども分布している．これらの樹林は利用されずに放置されているため大径木化し，また高林化している（表3-2）．また，林内の照葉樹が増加しており，やがて照葉二次林に遷移すると考えられる．

4)　針葉二次林

　六甲山地では針葉二次林としてアカマツ林とクロマツ林が分布しているが，

クロマツ林は少ない．アカマツ林はマツ枯れによって毎年減少しており，良好
な相観を持つアカマツ林はきわめて稀である．マツ枯れ後，コナラ－アベマキ
林に遷移しているものが多い他，直接，照葉二次林（アラカシ林）に遷移し始め
ている林分も少なくない．

（4）　人　工　林

1)　照葉人工林

　六甲山地では小面積のマテバシイ林（再度公園），クスノキ林（再度山）などが
分布している．これらの樹林の高木の密度は高く，林冠が完全に閉鎖しており，
林内は暗い．そのため，低木層，草本層の発達は悪く，表層土が流出し，地表
部の根が露出している林分もある．

2)　夏緑人工林

　六甲山地ではモミジ類，サクラ類などの各種樹木が植栽されており，夏緑人
工林の種類は多いが，ここでは治山用に植栽されたニセアカシア林とオオバヤ
シャブシ人工林を取り上げる．

　空中窒素の固定が可能なニセアカシアは貧栄養な立地に多数植栽されたた
め，ニセアカシア林は広く分布している．しかし，ニセアカシアの根系は浅く，
強風や雨によって根返りをよく発生させるために，治山効果はきわめて低い．
ニセアカシアを除去するために伐倒しても萌芽での再生が早く，樹種転換がな
かなか進まない状況下にある．一方，オオバヤシャブシはニセアカシアと同じ
く空中窒素の固定が可能なことと，遷移が進行するため，オオバヤシャブシ林
の治山効果は高いが，花粉症の発生源となっており，人口密集地の近くでは樹
種転換が望まれている．

3)　針葉人工林

　六甲山地の山頂平坦面や裏六甲側に，十分に管理されていない広い面積のス
ギ－ヒノキ林が分布している．本樹林の根系は浅く，土壌の保持力は小さくて，
減災効果は低い．針葉人工林としてはメタセコイア林（再度公園），モミ林など
も一部存在している．

3　植生の変遷

(1)　六甲山地における植生の歴史的変遷

約3000年前の六甲山地では植生に人の手がほとんど加わっておらず，原生林の照葉樹林と夏緑樹林が広がっていたと考えられる（*1* 六甲山

地の原植生参照）．750m以下の丘陵帯では弥生時代に入ると照葉樹林が伐採されて，燃料生産用の樹林である照葉里山林へと移行した．奈良時代には照葉樹よりも生育の早い夏緑樹の優占する夏緑里山林に転換した．さらに，室町時代には夏緑里山林の利用が進み，夏緑樹が衰退し，貧栄養の立地でも生育可能なアカマツが優占する針葉里山林に変化した．江戸時代に入るとアカマツ林の徹底的な利用（根株の採取）によってついには裸地化し，はげ山が六甲山地全体に広がった．

明治期に入って治山の目的から植林が進みアカマツ林が再生した．燃料革命以降，樹林は放置されて放置林となり，また，マツクイムシの被害によりマツ枯れが進行し，外観上夏緑樹の優占する樹林（コナラ-アベマキ林）が現在広がっている（図3-10）．さらに夏緑樹林の林内には照葉樹が繁茂し，やがて照葉樹の優占林へと遷移する．

(2)　照葉樹林域における植生一次遷移

植生の一次遷移とは裸地から始まる植生の遷移である．鹿児島県桜島や伊豆諸島の溶岩地帯での一次遷移の調査によって，図3-11のように地衣・コケ群落が0-20年，草本群落が20-50年，陽樹林（クロマツ林，ヤシャブシ林）が50-150年，前期陰樹林（前極相林）が150-300年，後期陰樹林（極相林）が300-400年以

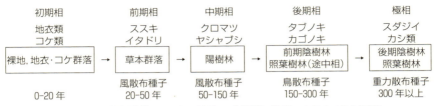

図3-11　溶岩地帯における植生一次遷移（裸地から始まる植生遷移）

降に成立するとされている［服部 2014］．

(3)　六甲山地における植生二次遷移

　植生の二次遷移とは土壌の存在した立地から始まる植生の遷移を指す．六甲
山地のはげ山への植栽から始まる遷移は土壌の改良，植栽などを行っているの
で二次遷移に該当する．

　はげ山への植栽から100年以上経過した今日，はげ山は様々な植生へと遷移
している．植林後成立したと考えられるアカマツ林および急傾斜地・崩壊地の
二次遷移は**図3-12**のようにまとめられる．

　もっとも広い面積で認められる二次遷移はアカマツ林よりコナラ−アベマキ
林への遷移である．そのコナラ−アベマキ林も外観は夏緑型の相観を有してい
るが，林内には照葉樹の繁茂が著しく，現在より数十年から100年程度の後に
はアラカシ林に遷移し，さらに，そのアラカシ林も現在より200年から300年後
にはコジイ−カナメモチ群集に遷移すると考えられる．

　安定した岩の露出した急傾斜地のアカマツ林の林床にはアラカシが多く生育
している．このような立地のアカマツ林ではマツ枯れ後，直接アラカシ林に遷

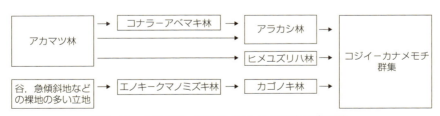

図3-12　六甲山地（丘陵帯）における植生二次遷移

移することが多い．現在すでにアラカシ林化している布引の滝付近はその代表である．

アカマツ林よりヒメユズリハ林に遷移する例も認められる．アカマツ林の中で林内にブナ科の夏緑樹や照葉樹の少ない林分では，アカマツの枯死後，鳥散布型種子をもつヒメユズリハ，クロガネモチ，モチノキなどより構成されるヒメユズリハ林を形成することがある．その代表例が西宮市の越木岩神社の社叢である．

急傾斜地や小規模な斜面崩壊によって裸地が生じているような立地には鳥散布型種子をもつエノキ，クマノミズキ，ムクノキなどによる夏緑二次林が形成された後に鳥散布型種子をもつ照葉樹であるカゴノキ，モチノキなどによる照葉二次林が成立することがある．

上記のいずれの遷移系列をたどっても極相はコジイ－カナメモチ群集に収斂する．

極相であるコジイ－カナメモチ群集への遷移に要する年数は1904年の植栽後300〜400年後，2015年現在より約200〜300年後と推定できる．アラカシ林への遷移はすでに到達している林分もあり，現在より100年後ごろにはほぼ六甲山の丘陵帯の全体がアラカシ林に到達すると考えられる．極相に達すると種組成，階層構造，林内照度なども安定するが，遷移途上のアラカシ林は林冠の閉鎖によって林内照度の極端な低下，種多様性減少，林床植物衰退などの減災上大きな問題を有する．そのため，照葉二次林への遷移を抑制し，明るい林床を持つ夏緑二次林を維持するか，照葉二次林の林冠木の除伐を行って自然性の高い照葉樹林への遷移を進行させるかなどの六甲山地の今後の植生を考える上で大きな課題が残されている．

4　六甲山地における望ましい植生

(1)　基本的方針

六甲山麓の200万人以上の市民にとって六甲山は日常的に接するかけがえのない大事な自然であり，また誇りである．同時に災害の発生源ともなる危険な存在でもある．したがって，今後，六甲山地の植生に期待されているのはかつ

ての里山林のような植生のもつ生産機能ではなく，市民の安らぎ・憩いの場，環境学習・環境教育の場，景観や生物多様性保全の場，山地災害防止などの植生の持つ環境，文化，減災といった機能である．環境，文化，減災の機能を満足する植生が六甲山地の目標とすべき植生と考えられる．

(2)　目 標 植 生

1)　普通の立地

　現在，照葉樹の繁茂によって夏緑樹が衰退し，照葉樹の優占する照葉二次林への遷移が急速に進んでいる．照葉二次林（アラカシ林など）は前述したように林冠の閉鎖によって林内が暗くなり，林床に植物が生育できないために表層土の保全や生物多様性の維持に多くの問題がある．また四季感のある落葉の緑から季節感のない常緑の緑への変化によって六甲山地の景観も大きく変貌する．これらの問題から目標植生の一つとしては，照葉二次林への植生遷移を抑制して，夏緑二次林であるコナラ－アベマキ林の高林化が考えられる．本樹林の林内に生育している照葉樹を除伐することによって夏緑樹の種多様性も回復し，林床植物も維持されて表層土の保全が進むと認められる．また，コナラ，アベマキなどの夏緑高木が大径木化することによって，それらの植物の根系が発達し，地表部だけでなく，やや深い土層を保全する効果も考えられる．このような夏緑樹が優占し，種多様性の高い樹林を服部ほか [2010] は多様性夏緑高林とよんでいる．

　夏緑高木の高林化で問題となるのが，京都府，大阪府を南下して2014年以降六甲山地に侵入したナラ枯れである．ナラ枯れによってブナ科コナラ属の高木が多数枯死しており，治山上，ハイカーの安全上，景観上高木の枯死は大きな問題となっている．ナラ枯れ対策は難しく，今後も発生は続くと考えられており，枯死木の処理，激害地での対策等，今後十分な調査が望まれる．

2)　渓 谷 部

　1時間あたり100mmを超えるような豪雨ではどのような植生であっても土石流には対応できない．逆に高木林であると土石流と共に流木による災害を増加させることにもなるので，渓谷部では裸地，渓谷周辺では低木林が望ましいと

考えられる.

3）急傾斜地

　急傾斜地においては，夏緑樹，照葉樹，針葉樹を問わず高林化させることは斜面の保護上危険であり，コナラ，アベマキなどの夏緑高木林の低林化が考えられる.　夏緑低林は一定の期間（10〜20年）後，伐採が必要となるため，長期の植生管理計画と伐採した材の処理方法，利用方法の検討が必要となる.　それらの点を考慮すると，次に示す低木林への林相転換の方が望まれるかもしれない.

　低木林とは，高木性の樹種に比べて根系の発達は劣るものの，表層土の保全についてはより効果的なコバノミツバツツジ，ヤマツツジ，モチツツジ，ネジキ，ガマズミ，ムラサキシキブ，ヤブムラサキ，タニウツギ，ヤブウツギ，コゴメウツギ，ウツギ，ウラジロウツギ，バイカウツギなどの夏緑低木を用いた低木性の樹林である.　低木であるため見通しがきくこと，花や果実が美しいことなどから，遊歩道付近は望ましい.

4）アラカシ林の分布地

　照葉二次林化が進み，すでにアラカシ林に達している林分については夏緑二次林に転換することは困難なので，アラカシの一部を除伐して林床に光の届く明るい照葉二次林を育成する.　夏緑高木が混生している場合，できるだけ夏緑高木を残し，アラカシの除伐を行って植生遷移の進行を遅らせながらゆっくりと照葉樹林化させるのが望ましい.　ただし，除伐は経年的に進める必要がある.

5）海抜750m以上の立地

　ここまでは丘陵帯・暖温帯における望ましい植生を示した.　ここでは海抜750m以上の山地帯・冷温帯における望ましい植生をまとめた.

　本立地においてもっとも望ましい植生はブナ型夏緑樹林である.　現在ブナは100本程度，イヌブナは1000本程度しか六甲山地には残存していないが，ブナ型夏緑樹林は根系もよく発達し，減災効果も高く，保水力も大きい.　また，生物多様性保全や景観性にも優れており，ブナ型夏緑樹林を再生させることは六

甲山地の魅力を大きく高めることにもなる．現在750m以上の立地にはスギ・ヒノキ人工林や里山放置林が多く，土壌の保全等防災上（第4章参照）および景観や観光面での大きなマイナス要因となっている．これらの課題を解決するためにも，ブナ型夏緑樹林への再生を至急進めるべきと考えられる．その第一歩としてブナ，イヌブナ，アカシデ，イヌシデ，クマシデ，ウリハダカエデ，コハウチワカエデ，タムシバ，アズキナシ，ウラジロノキ，カマツカ，ミズナラ，エゴノキ，ミズキなどの種子を採取し，六甲山地固有の地域性苗木を生産することから始める必要がある．六甲山地のブナは20年ほどほとんど結実しておらず，今後も結実するかどうか不明である．ブナの苗の育成において，とり木などの手法も採用して積極的に育苗すべきであろう．

　六甲山地の山頂部では山麓部に比較して年平均2000㎜という多量の降水がある．山頂部においてブナ型夏緑樹林を再生させて，土壌保水力等を高めてゆくことが山麓部の安全を高めることになろう．

付　記
　本章については服部［2016］をもとに新しい課題を加筆した．

参考文献
服部保［2011］『環境と植生30講　シリーズ図説生物学30講（環境編1）』朝倉書店.
服部保［2014］『照葉樹林』神戸群落生態研究会.
服部保［2016］「六甲山地の緑のあり方」『都市政策』162，pp. 4-13.
服部保ほか［2010］『里山林の基礎』兵庫県緑化推進協会.
服部保ほか［2012］『兵庫県の植物群落』兵庫県緑化推進協会.

第4章

六甲山系の災害と防災

1 六甲山系の緑地と過去の崩壊事例

　神戸の市街地背山を形成する六甲山系は延長約30km，幅約 7 km，最大標高931mの山地で，地質は花崗岩よりなっている．この山地は，約7000万年前の中生代白亜紀以前に形成された花崗岩が，約100万年前にこの花崗岩を覆って形成された神戸層群や大阪層群などを伴って，東西方向の圧縮力により隆起したもので，南北側には顕著な断層に境されている．この断層によるせん断破壊の影響を受けることに加えて，花こう岩は風化作用を受けやすいため，地表付近は風化生成物であるマサ土という砂質土に覆われている．このマサ土は水に対する抵抗力が小さく，しばしば豪雨により土砂災害が発生してきた．この土砂災害の背景としては，マサ土の風化のみならず，六甲山系からの石材や木材の採取，さらには牛の飼料や屋根に使用する萱の採取，燃料としての薪や松根採取による荒廃，加えて山火事による植生の消失等による影響が大きい．

　このように降雨による土砂災害や人為活動など様々な影響を受けた結果として，1889年当時の六甲山系は図 4-1 に示されるように，山麓の一部を除いて，ほとんどはげ山の状態であったことが報告されている．この当時，神戸の人口は1868年の開港の影響を受けて，開港当時の 6 倍にも達する13万4000人にも達していた．このため生活用水の量と質の確保が緊急の課題となり，1893年に公営水道の敷設が決定された．このためには水源地の確保が課題となり，1900年に布引五本松堰堤が，日本最初の重力式コンクリートダムとして完成した［神戸市 2003］（第 5 章参照）．

　当時は六甲山系のみならず，日本全体でも国土の荒廃が著しく，国土の治水，

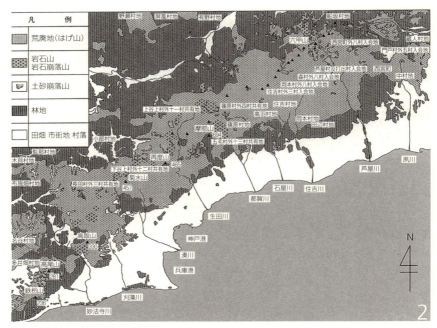

図4-1　1889年当時の六甲山系のはげ山

（出所）松下［2007］.

　治山を推進するため1896年に河川法が，翌1897年には森林法，砂防法が施行された．この法律を受けて神戸市は1900年に六甲山系の砂防指定地の申請を行い，1903年に1100ヘクタールが砂防指定地に認定された．この指定地に対して土砂流出対策として13カ年の植林計画が策定され1ヘクタール当たり1万本のマツやヤシャブシが植栽された［神戸市 2003］（第5章参照）.

　加えて，上述した布引五本松堰堤の水源地容量を流入土砂から守るため造林も積極的に進められ，1902年に上流域にある再度山の45ヘクタールのマツやヤシャブシの造林が，1903〜1909年には表六甲山系の約600ヘクタールに対して植林が行われた．このうち約540ヘクタールでは，住民が林産物を得るためにクロマツ，ハゼノキ，クスノキなど二十数種類の樹木が植林された［神戸市 2003］. このような植林により1900年代初期の六甲山系の緑は回復しつつあった.

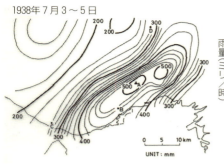

図4-2　1938年豪雨の六甲山系の等雨量
　　　　線図

（注）A：六甲山頂，B：当時の神戸海洋気象台，C：
　　　明石，D：三田.

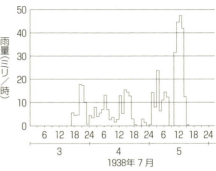

図4-3　1938年豪雨のハイエトグラフ
（神戸海洋気象台観測）

　しかし，緑が回復しつつあった1925〜1935年は六甲山系を観光資源として活
用するためケーブル，ドライブウエイ，ロープウエイ等が建設され，再び六甲
山系の緑が荒廃しつつあったちょうどその頃，1938年に大きな集中豪雨が発生
した．この時の等雨量線図とハイエトグラフを図4-2，図4-3に示す．7月3
日から5日までの総降雨量は約460ミリ強，最大時間雨量は47.6ミリ（任意時刻
の最大時間雨量は75.8ミリ）で，一連の降雨の終わりころに集中して出現している
ことが特徴である．この豪雨により六甲山系は多くの山腹崩壊が発生し，崩壊
土砂は土石流となって市街地に流入し，昭和13年大水害が発生した．六甲山系
では兵庫県による砂防工事が1898年より現在の宝塚市内で始められていたが，
この災害を契機として六甲山系では国による直轄砂防事業が進められることに
なり，本格的な砂防工事が始められることになった．また，1937〜1938年には
共有林1520ヘクタールが神戸市に移譲され，土砂災害対策としての植林が進行
した［神戸市 2003］（第5章参照）．
　昭和30年代になると高度経済成長政策が進行し，都市域には人口の集中が激
しくなり，都市周辺では多くの開発事業が進行することになった．六甲山系で
は表六甲山系の山麓が開発の対象となり，急斜面にまで階段状に宅地が造成さ
れることになった．昭和36年頃では，標高180mくらいまでが宅地として開発
され，豪雨による造成宅地の崩壊が危惧された．この開発による災害を防ぐた
め，1960年，神戸市では山麓の開発を規制する条例を策定した．しかし，その

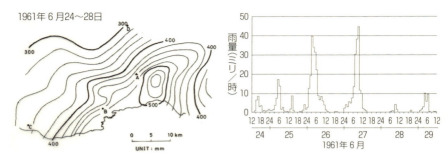

1961年6月24〜28日

UNIT：mm

図4-4　1961年六甲山系豪雨の等雨量線図
（注）A：六甲山頂，B：当時の神戸海洋気象台，C：
　　　明石，D：三田.

図4-5　1961年六甲山系豪雨のハイエト
　　　グラフ（神戸海洋気象台観測）

翌年1961年6月に集中豪雨に見舞われ，山麓の宅地が崩れることによる大きな被害を受けた．この時の等雨量線図とハイエトグラフを図4-4，図4-5に示す．6月24日から27日までの総降雨量は1938年とほぼ同じ約470ミリ強，最大時間雨量は44.7ミリであったが，この年の降雨はピークが二つに分かれていることが特徴である．このためか，六甲山系には多くの山腹崩壊は出現しなかった．この時の豪雨では，横浜市においても造成中の宅地が崩れることによる災害が発生したため，これらの災害を契機として，宅地の安全を守る宅地造成等規制法が翌年に施行された．

　この災害から6年後の1967年7月に，六甲山系は三度目の豪雨に見舞われた．

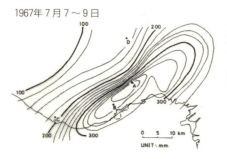

1967年7月7〜9日

UNIT：mm

図4-6　1967年六甲山系豪雨の等雨量線図
（注）A：六甲山頂，B：当時の神戸海洋気象台，C：
　　　明石，D：三田.

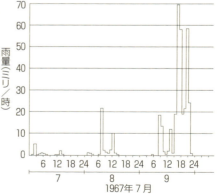

図4-7　1967年六甲山系豪雨のハイエト
　　　グラフ（神戸海洋気象台観測）

この時の等雨量線図とハイエトグラフを**図4-6**，**図4-7**に示す．7月7日から9日までの総降雨量は前二例に比して少なく約370ミリ強であったが，最大時間雨量は69.4ミリ（任意時刻の最大時間雨量は75.8ミリ）と大きく，この時の豪雨も**図4-3**に示した昭和13年豪雨と同様に一連の降雨の終わりころに集中していることが特徴である．このような降雨パターンの場合には多くの山腹崩壊が発生しやすいため，この時の六甲山系でも数多くの山腹崩壊が発生した．市ガ原地区では，大きな土石流発生のため1カ所の崩壊で21人の方が亡くなる惨事が発生した．しかし，1938年の時とは異なり，六甲山系には数多くの砂防ダムが構築されていたため，**図4-8**に示すように市街地への土砂流入は少なく，その結果，**図4-9**に示すように市街地での土石流による被害も少なかった．

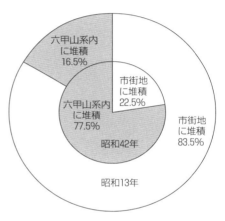

　表4-1はこれら三大豪雨による被害の一覧を示したものである．このように六甲山系では多くの被害を生じてきたが，1967年以降は，大きな降雨に見舞われなかったこともあり，また砂防・治山工事が積極的に進められてきたおかげで大き

図4-8　1938（昭和13）年災害と1967（昭和42）年災害時における市街地への土砂流入の違い

(出所) 沖村・杉本 [1991].

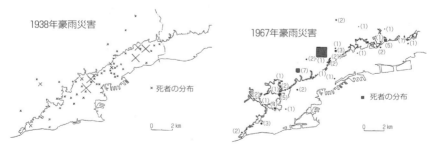

図4-9　1938年豪雨と1967年豪雨災害による死者の分布

(出所) 沖村・杉本 [1991].

表4-1　六甲山系の三大豪雨災害

	1938年7月	1961年6月	1967年7月
死者 行方不明者	671人	28人	90人
家屋被害	流失　　1,410戸 埋没　　　845戸 全壊　　2,213戸 半壊　　6,640戸	流　失　　　11戸 全半壊　　388戸	全壊流失　363戸 半　　壊　361戸
全壊	2,658戸	140戸	367戸
家屋浸水	床上　22,940戸 床下　56,712戸	床上　2,989戸 床下　16,380戸	床上　7,819戸 床下　29,762戸

（出所）沖村［2011］.

な災害は発生していない.

　しかし，1995年1月17日に阪神・淡路大震災が発生し，六甲山系では747カ所で崩壊が発生した. これは1967年の豪雨による崩壊3755カ所［沖村 1979］に比べると約20％と少なかった. しかし，崩壊が発生した斜面は，尾根近くの花崗岩が露頭した急斜面に多く，従来の豪雨による谷に沿った斜面での崩壊発生場所とは異なって，尾根に沿った斜面や谷や尾根と関係がない平面斜面で数多く発生していた. これは強震動による影響が大きかったものと思われる. 加えて，1995年は5月に総降雨量183ミリが，7月には232ミリの降雨があった. この降雨量は上述した三大豪雨に比べると少なかったが，六甲山系はこれらの降雨により新たに938カ所の崩壊が発生した. これは，地震による強震動を受けた結果，地表面が緩んだ影響であると思われた. このように，兵庫県南部地震は六甲山系に大きな影響を残したが，その後の200ミリ程度の降雨では数多くの崩壊は発生していない.

　地震による崩壊は，従来の降雨により発生する崩壊とは場所やメカニズムがことなるため，および緩んだ斜面に対応するため，表六甲山系の市街地に隣接する山腹斜面一帯を緑地帯とする「六甲山系グリーンベルト」が1995年12月に提言され，地震災害を契機として新たな防災対策が発足することになった. このグリーンベルトでは，土砂災害の発生を直接抑止するとともに，上流からの土砂流出に対する緩衝的な役割を期待するとともに，良好な都市環境，風致環境，生態および種の多様性の保全機能や，健全なレクリエーションの場の提供

及び都市のスプロール化を防止する機能も期待されている．延長約30km，面積約8400haが現在指定され，そこでは市民や企業，学校も参加した森づくりやどんぐり育成プログラムが活発に進められている．

2　近年の土砂災害とその時の降雨特性

　2010年以降，日本では各地で豪雨による土砂災害が発生している．その主なものは，2010年奄美大島，2011年紀伊半島，2012年熊本北部，2013年伊豆大島，2014年北六甲，丹波，広島豪雨である．ここでは2013年伊豆大島豪雨，2014年8月豪雨である北六甲，丹波，広島豪雨を取り上げて，その特長について紹介する．

1)　2013年伊豆大島豪雨災害
　図4-10は大島地区で観測されたハイエトグラフである．最大時間雨量118.5ミリ（任意時間最大雨量は122.5ミリ），3時間連続雨量335ミリ，日雨量824ミリは，いずれも当地の観測史上最大値であった．当該地は三原山の溶岩が基岩を形成し，その上に降下火山灰やスコリア（軽石）層が分布しているが，これらの土

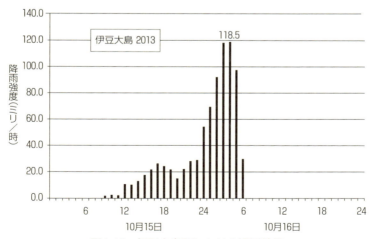

図4-10　伊豆大島町における観測結果

（出所）気象庁HP.

層が豪雨により浸食され土石流状で流下した．さらに，後続した豪雨により崩
壊した土砂が洗い流されるように流下したため，降雨停止後に撮影された写真
では，御神火スカイラインの路面は掃除されたようにきれいに洗い流されてい
た．一方，植生を巻き込んだ土砂が泥流状に流下したため，ハチジョウイヌツ
ゲなどの植生は樹皮が剥がされ，磨かれたような状態で土砂と一緒に流下し，
市街地にある 3 カ所の橋梁でせき止められて，氾濫災害の原因となっていた．
崩壊後でも継続する豪雨により山腹斜面での崩壊面積が拡大した影響が大きい
ことが印象として強く残っている．

2）　2014 年北六甲豪雨

　8 月10日に台風11号の影響を受けて，淡路島南部と六甲山系北部で集中豪雨
があった．この時の雨量分布を図 4-11 に示す．この図からは淡路島南部と北
六甲地域に大きな降雨があったことがわかる．気象庁所管の観測所では神戸空
港で最大64.5ミリ/時が観測されたが，六甲砂防事務所観測の有馬川では，　8

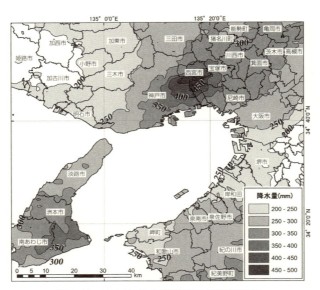

図4-11　2014年北六甲豪雨の総降雨量図
（注）気象庁HPをもとに2014年8月8日01時〜8月11日24時までの期間降水量
　　　（気象庁解析雨量）より作成．

図4-12　有馬川観測所における観測結果

（出所）六甲砂防事務所HP.

月8日〜12日で総降雨量531ミリ，8月10日に時間雨量88.0ミリを記録した（図4-12参照）．六甲山系における従来の時間最大雨量は1939年8月1日の87.7ミリ，第2位が1976年7月9日の75.8ミリであったが，これらの記録を更新する強雨が出現したことになった．このように ① 地域的に大きく異なる局所的な豪雨が，② 大きな降雨強度で，③

写真4-1　2014年北六甲豪雨による土石流を抑止した砂防ダム

（出所）六甲砂防事務所HP.

短時間集中して降ったことが特徴であったことがわかる．この豪雨により崩壊面積1000㎡以上の崩壊が42カ所で発生した[1]．しかし，すでに建設されていた砂防ダムにより土砂や流木は抑止され，土石流災害は発生しなかった（写真4-1参照）．

3) 2014年丹波豪雨

　北六甲豪雨から約1週間後の8月16日深夜から17日早朝にかけて丹波市市島町や福知山市を中心に豪雨があった．この時の雨量分布図を図4-13に示す．この図からは丹波市や福知山市を中心に限られた地域で強雨であったことがわかる．市島町から約15km南の柏原町では最大時間雨量は43.5ミリであった．しかし，国土交通省による市島町竹田川の北岡本地区の観測結果は図4-14に示すように最大時間雨量91.0ミリを記録している．このことは，今回の豪雨も局地性が強く，限られた地域に集中して強雨があったものと推察できる．この時の記録では，深夜2時の約55ミリ/時に続いて91ミリ/時を記録している[2]．このように，この時の豪雨も短時間に，大きな強雨が，空間的には限られた地域に集中的に降ったことが特徴である．この強雨により，丹波市内では1名が死亡，全壊家屋は18棟，大規模半壊が9棟，半壊が41棟に達する大きな被害が出現するとともに，土石流型の崩壊が104カ所で発生し，これらからの流出土砂や流木で小河川が氾濫し，多くの流出土砂が家屋の床下や田畑に堆積する災害が発

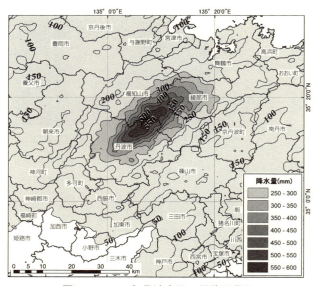

図4-13　2014年丹波豪雨の総降雨量図
（注）気象庁HPをもとに2014年8月15日01時〜8月17日24時までの期間降水量
　　　（気象庁解析雨量）より作成．

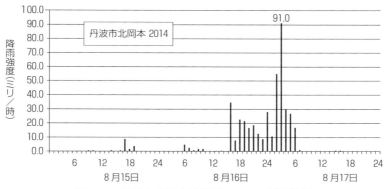

図4-14　丹波市北岡本観測所における観測結果

（出所）「川の情報」（国土交通省ＨＰ）．

生した[3]．

4)　2014年広島豪雨

　丹波豪雨からおよそ3日後の8月19日深夜から20日早朝にかけて，広島市北部の阿佐南区を中心にして，大きな豪雨が，短時間に，局所的に集中して出現する降雨特性を持って出現し，死者74名，重傷者8名，軽傷者36名，全壊家屋133棟，半壊家屋122棟に達する大きな災害が発生した[4]．この時の雨量分布図を図4-15に示す．この図より雨量分布は局所的に大きな降雨があったことがわかる．この雨の降り方は図4-16より三入地区では3時から4時の未明にかけて81ミリ/時と101ミリ/時の強雨が連続して2時間降ったことがわかる．これにより土石流状の崩壊が出現したが，砂防ダムが建設されていなかったため，土石流は山麓域に分布する住宅地を襲って大きな災害が発生した．

3　近年の降雨タイプの違い

　表4-2は上述した神戸市で出現した歴史的な災害発生時の降雨に加えて，2010年以降，前節で一部紹介した近年の降雨の特徴を一覧表にしたものである．ここでは時間雨量70ミリ以上の降雨があった場合を仮に「強雨タイプ」と分類し，時間雨量30ミリ以上で70ミリ未満の降雨があった場合を「長雨（弱雨）タ

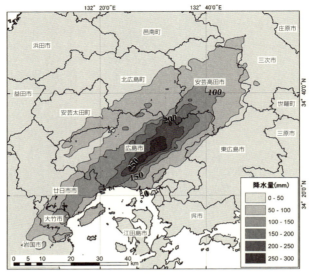

図4-15　2014年広島豪雨の総降雨量図

（注）気象庁HPをもとに2014年8月19日10時〜8月20日09時までの期間降水量
　　　（気象庁解析雨量）より作成.

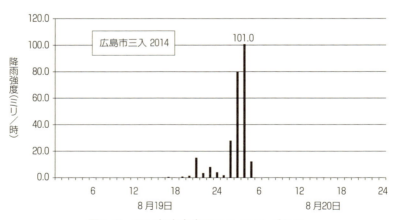

図4-16　2014年広島豪雨のハイエトグラフ

（出所）「気象速報8月20日」（広島地方気象台）.

表4-2　強雨タイプの降雨と長雨（弱雨）タイプの豪雨の違い

降雨タイプ	発生年	観測場所	継続時間（時間）	本格的降雨の降雨量（ミリ）	本格的降雨の最大時間雨量（ミリ/時）	本格的降雨の平均時間雨量（ミリ/時）
強雨（70ミリ/時以上）	2010	奄美大島（住用）	5	498.5	128	99.7
	2012	阿蘇（乙姫）	4	383.5	106	95.8
	2013	山口（須佐）	4	386.5	142	96.6
	2013	伊豆大島（大島）	5	497	122	99.4
	2014	神戸（有馬川）	2	168	88	84
	2014	丹波（北岡本）	1	91	91	91
	2014	広島（三入）	2	182	101	91
長雨（30ミリ/時以上）	1936	神戸（気象台）	4	132.9	47.6	33.2
	1967	神戸（気象台）	4	184.5	69.4	46.1
	2011	紀伊半島（上北山）	53	1,448	46	27.3

（注）本格的降雨とは，基準雨量（70ミリ/時および30ミリ/時）の最初の出現時刻から最後の出現時刻までの雨量を指す．

イプ」と称することとした．70ミリ/時を基準として設定した背景は，六甲山系において2014年まではあまり経験したことがなかった時間雨量であったためである．ここで「本格的降雨」とは一連の降雨のなかで，強雨の場合は70ミリが最初に出現した時刻から最後に出現した時刻までの間の降雨を言い，その間の総降雨量を「本格的降雨の降雨量」とし，この間の最大時間雨量を「本格的降雨の最大時間雨量」とした．「本格的降雨の平均時間雨量」は，「本格的降雨の降雨量」を「継続時間」で除した値とした．

この表からは，本格的降雨の継続時間は1〜5時間が多いが，例外は紀伊半島豪雨で53時間であった．この降雨の最大降雨強度は46ミリと小さく，長雨タイプであったことがわかる．しかし継続時間が長かったため，本格的降雨量も大きかった．このため地中深くに雨水が浸透し，深層崩壊が発生したものと推察できる．一方，強雨タイプでは本格的降雨の最大時間雨量は，88ミリから142ミリまで多様であるが，いずれも大きな時間雨量を示している．これが長雨タイプになると，最大で1967年の神戸の75.8ミリであった．この大きな降雨強度が出現しているという強雨タイプの特徴が顕著に示されるのは，本格的降雨の平均時間雨量である．強雨タイプでは84ミリ/時を除くと，いずれも90ミ

リ/時以上で，気象庁の表現によれば「今まで経験したことのない豪雨」であるとか，「遠方の視界が困難な豪雨」と表現されるような豪雨であったことがわかる．しかも強雨が2〜5時間と継続し，崩壊した土砂が後続の強雨によって洗い流されることも推定され，結果的に土石流型の崩壊が数多く出現することになったのではないかと推察される．

4　強雨時における崩壊のメカニズム

　豪雨中に発生する崩壊のメカニズムは，長雨タイプは一般に雨水が表土層内に浸透する．浸透した雨水は不透水層である基岩の勾配に従って下流へと浸透する．この過程で谷型斜面では雨水は谷に集水される．下流側で遷緩点があると勾配が緩くなるため，浸透速度は遅くなり，結果的に表土層内の水位は上昇する．このため遷緩点付近では有効せん断強度が減少し，長雨タイプでは遷緩点上流の谷壁斜面で表土層崩壊が発生する．このメカニズムで崩壊が発生するものとして，崩壊予想モデルも提案されてきている．

　一方，強雨の場合は，図4-10，図4-12，図4-14，図4-16に示されるように，強雨に先行して弱い雨はあるものの，急に大きな降雨強度が出現し，それは短時間で終わっている特徴を有している．この場合，大きな降雨強度による雨水は全部が表土層に入りきらずに，一部は表土層内において浸透するが，残りは表土層表面を流下することになる．継続時間が短いため，表土層内に雨水による水位が上昇するまえに，大きな表流水が出現し，この表流水は地表面にあった枯葉や砂礫などの堆積物を巻き込みながら流下していく．この流れは雨水だけの場合よりも密度が大きな流水になるため，大きな浸食力になる．しかし谷の傾斜が緩い場合は途中で堆積し，小さなダムを形成するが，このダムは後続する流れによってすぐに決壊する．決壊すると流量の大きな流れになるため，ますます浸食力が大きくなってくる．場合によっては表土層が崩壊し，これが渓床に堆積するが，この堆積物によるダムもまた洗い流される．このような作用の繰り返しにより，結果的に土石流が発生するものと考えられる．

　山腹斜面でいわゆる0字谷と称される未発達の谷では，常時は流水がないため表土層が厚く堆積している状況にある．この山腹斜面上流に分布する0字谷

の表土層が，増大する流量によって浸食されると，この浸食による土砂が今度は下流側の表土層を削剥する力になり，下流に流れるにしたがって浸食・削剥された土量が雪ダルマ式に大きくなり，大きな岩塊までも下流に運搬することが考えられる．

5　土砂災害への対策

　このような崩壊や土石流による災害を防ぐため，砂防工事が行われているが，その主なものは砂防ダムの構築である．上述したように六甲山系では1940年代から砂防ダムの構築が進められており，2013年では530基の砂防ダムが築造されている．その結果，**図4-8**に示したように1967（昭和42）年災害では，市街地に流入する土石流は大きく減少したことが**写真4-2**からも理解できる．また，2014年の豪雨では*2*の**写真4-1**に示したように，土石流の流下を抑止しており，その効果は大きい．この砂防ダムによる災害防止は重要な施策であり今後も砂防ダム建設の継続が期待される．

　山腹斜面は通常植生に覆われており，植生が崩壊に果たす役割は従来から多く論じられてきた．しかし定量的な把握が困難なため，斜面安定計算の際には無視されることが多い．しかし，一般的には弱雨で多発する表土層崩壊は，表土層がある大きさの土塊となって基岩の上をすべるものであるため，植生が

豪雨前

豪雨後
12万立方メートルの土砂を貯留

写真4-2　1967年豪雨前後の五助砂防ダムの様子
（出所）六甲砂防事務所HP.

あった場合は，① 植生の自重のためにすべろうとする力が増大する，② 植生の根系が表土層内で広がっているため，表土層を緊縛する，③ 根系によりすべりを防止する抵抗力として働くことが考えられる．現実には，裸地や植生が少ない場所で崩壊が多発しているため，②や③の効果が大きいと考えられている．また，強雨で発生しやすい土石流では① 枯葉による地表面の雨滴浸食防止，② 根系による浸食防止がある．この場合，根系は下の方に伸びる鉛直根よりも，水平に広がる水平根の方が大きな抵抗になる．換言すれば，砂防ダムは崩壊した土砂を止めようとするものであるが，植生は崩壊の発生そのものを抑止する機能が期待されている．

　六甲山系では *1* で上述したようにハゲ山対策としては，ヒノキ，スギ，ヤシャブシ，ニセアカシア，アカマツ，カシ，クスノキ等の樹林が進められたが，昭和30年代になるとニセアカシアの倒木が多くなってきた．現在はアラカシ，コナラ，クヌギ等が多くなってきており，特にアラカシ等の照葉樹林が大きくなると地面に日光が届かず，下草がなくなり，土壌が浸食されやすくなる危険性が増大してきていることが服部により指摘されている[5]（第3章参照）．

写真4-3　2004年の台風16号により生じた風倒木（兵庫県佐用町）

　さらに台風の場合には，大木では強風による倒木も考えられる．2004年の災害では台風による強風の影響も大きく，兵庫県下では風倒木による被害も出た（写真4-3参照）．その後2009年の豪雨では，この風倒木地で崩壊域がさらに拡大する被害が出た．このことを考えると，六甲山系においても間伐により林材を強くするとともに，光を林地に入れることにより低木の育成

を図ると，低木の根系が
網状に発達することによ
り浸食型の災害も防止で
きよう．しかし，あまり
に大木になると強風時の
安定を保つことが困難と
なったり，強風時の振動
の影響が周りの表土層の
不安定化の原因になるこ
とも考えられるため，適
度な伐開が「良質な緑」
にとって必要になると思

写真4-4　2014年丹波豪雨時の流木によるせき止め
（これにより後続の流出土砂が田んぼの上を流下・堆積した）

われる．この伐開により，低木の育成が図られることが好ましいと思われるが，
詳しくは植生の研究者に評価を任せたい．

　山腹崩壊が発生すると，樹木が流木となる．この流木は，崩壊エネルギーを
直接増大させるのみならず，流下途中で一時土砂を堆積させる効果を有してい
るが，この堆積した土砂が一気に流下すると，今度は流下被害を増大させる原
因にもなる（2で述べた伊豆大島の災害例や**写真4-4**参照）．崩壊発生時のみならず，
豪雨時には間伐され斜面に放置された木材が流水をダムアップさせ，これが一
気に流下することにより土石流を発生させることもある．このため，土石流流
下域にはできる限り植林を避けることにより流木被害の増大を抑止すること
や，間伐材の適切な処理が「良質な緑」には，豪雨時の被害増大防止のために
必要と思われる．

　丹波市では2014年豪雨災害後に復興プランを作成したが，そこでは「良質な
緑」を目指して，山裾の広葉樹化（混交林化）を推進し土砂災害を防止し，里
山の防災機能を向上させることや，被害森林復旧事業やこれからの森づくりの
ために森林ゾーニングのための調査事業や森林総合管理士の育成などを提案し
た．これらの試みが六甲山系にも適用され，安心・安全が事前に備えられるよ
うに仕組みができることを祈っている．

お わ り に

　気象庁は「異常気象レポート2014」を作成し，100年あたりで世界で0.69度，日本で1.14度上昇していることを示し，「地球温暖化が主な原因であると考えられる」と初めて評価した[6]．また，今世紀末にかけて日本では北の地域ほど気温の上昇が大きくなるほか，短時間に集中して降るタイプの大雨が倍増し，梅雨明けの時期が遅くなる予測が将来の見通しに盛り込まれていることを報じた．これによれば，今後ますます強雨型の降雨が頻繁に出現する可能性があることが考えられる．

　このような背景の中で，本章では過去の六甲山系の災害をもたらした降雨条件と，近年の降雨条件の違いを明らかにし，強雨が頻発していることを指摘した．更に，強雨に起因する崩壊メカニズムが従来の降雨特性とは異なる可能性があることを指摘した．加えて，これらの崩壊メカニズムに対する六甲山系の植生の崩壊抑止力について考察してきた．これらの考察から見ると，① 強雨型の浸食崩壊や弱雨型のすべり崩壊など，外的な降雨条件によって様々な崩壊が発生する可能性があるため，六甲山系の緑は単一樹種ではなく，様々な樹種で構成され，それが長いスパンで植え替えられていくことが必要である，② このような仕組みを作るためには森林管理プランナーのような制度が必要になってくと思われる，③ 緑の量が多く，大木が安全のためには必要という概念を一度見直してみることも必要と思われ，山地防災の観点からの緑地環境の育成が必要と思われる．

　神戸市では六甲山森林整備戦略を策定しており，一方，上述したように表六甲山系では阪神・淡路大震災以降に導入された六甲山系グリーンベルト整備事業が進行している．これらの整備は，砂防ダムや治山堰堤とともに六甲山系の当面の土砂災害を防ぐ重要な事業であり，今後の進捗が望まれる．

注
1）六甲砂防事務所 HP.
2）「川の情報」（国土交通省 HP）.

3）「平成26年8月16日からの大雨の被害状況等について」（兵庫県 HP）.
4）「広島豪雨災害調査報告」（土木学会中国支部 HP）
5）服部保，都市山としての六甲山の大切さ，シンポジウム「布引の滝からの発信：六甲山のみどりと神戸」講演資料，2015年10月3日.
6）気象庁 HP，異常気象レポート2014.

参考文献

沖村孝［1979］「水系網分布と崩壊発生の研究――崩壊地形立地解析 I ――」『建設工学研究所報告』21, pp.89-97.

沖村孝［2011］「六甲山の砂防事業」『都市政策』142, pp.12-22.

沖村孝・杉本剛康［1991］「神戸市街地における過去の豪雨災害（洪水・人的災害）の分布とその変化」『建設工学研究所報告』33, pp.227-244.

神戸市［2003］『六甲山の100年　そしてこれからの100年』（『六甲山緑化100周年記念』），p.63.

松下まり子［2007］「六甲山の緑の変遷」『地図中心』418, pp.8-13.

第5章
六甲山を巡る行政の施策の変遷史

はじめに

　六甲山に関する行政施策とは，林業施策だけで論ずることはできない．六甲山は，古くから都市近郊の山として，過剰に利用されてきた．六甲山の荒廃の原因となった過剰な利用については，江戸時代の魚崎村（現在の神戸市東灘区）や唐櫃村（現在の神戸市北区）が幕府に提出した治山に関する文書などでも知ることができる．

　用材や薪炭としての山林制度，防災や森林の保全に関する法制度，都市化の進捗にともなう都市計画上の位置づけとしての風致地区や緑地保全制度，環境保全と観光などの両立を図ることを目的とした国立公園制度の導入など，多様な面から変化をみてみたい．

1　明治新政府における山林所有について

（1）　林野の官民有区分
　江戸時代，六甲山の土地所有形態は，天領や藩領など幕藩体制を経済的に支えていた山はごくわずかで，本格的な林業が展開されていた村はない．農民個人（百姓持山），村落共同体（村中持山），社寺林に区分されていたが，村中持山，つまり農用林として薪炭などの入会が主体であった六甲山がどのように使われ，制度変遷があったかについては，幕藩体制から明治新政府に体制に移行する中で，土地所有の変遷を知る必要がある．

　明治初め，新政府は近代的な土地所有権創出を進める中で官林（旧幕府，藩有

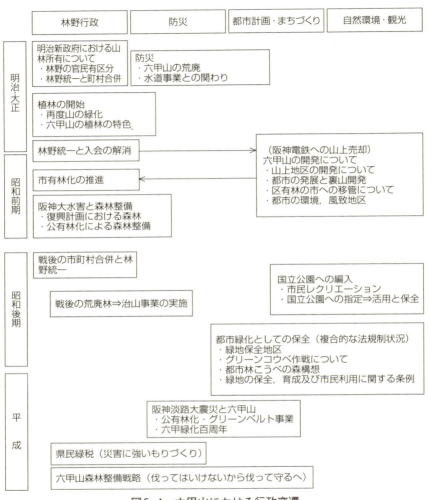

図5-1　六甲山における行政変遷

林),社寺林以外,入会林野など村落共同体の所有として認められるべき山林
も官有地とし,政府が管理を強化した.利用の慣行を奪われた農民からは不満
がでてきたことから,1873(明治 6)年には,入会林野のうち村としての所有
の確証がある土地については,公有地としての地券が発行されるようになった.
当時は官有地以外をすべて民有地として扱っており,村落が受ける地券は民有

地第2種として分類され
ていた. 六甲山系での代
表的な事例として, 中一
里山と唐櫃の2カ所を紹
介する.

事例1（中一里山）:
現在の神戸市灘区から長
田区周辺山麓の41カ村
が, 入会として活用して
いたのが山田庄（現神戸
市北区山田町）の中一里山

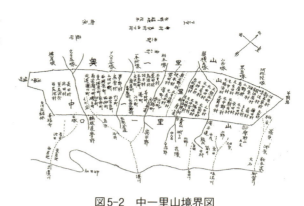

図5-2　中一里山境界図
（出所）奥中 [1964] より転載.

である. 一里山という地名は, 現在の市街地山麓部に近い箇所から口一里山,
中一里山, 奥一里山とされていた. 口一里山は山麓部の村の共有の入会地であ
り, 中一里山が山田庄でありながら南側山麓各村の入会地, 奥一里山が山田庄
各村の入会地であった. 中一里山では1678（延宝6）年の山田庄検地の際, 41
カ村の負担が定められ, 山田側が集めて上納していたものであるが, 地券の発
行に際して, 実質的な負担を南側山麓の村がしていることが認められ, 1878（明
治11）年, 山田村の区域のまま, 関係町村共有の形で民有地とされている [新
修神戸市史編集委員会 1990：133].

　事例2（唐櫃）: 六甲山麓北側に位置する唐櫃村（現神戸市北区有野町唐櫃）は,
六甲山上付近（現在の灘区六甲山町など）にかけて広大な林野を所有しており, 柴,
薪, 菌類など林産物への依存が高い村であった. 唐櫃村の森林は, 山頂付近が
共有林になっており, 1762（宝暦12）年から租税上納の記録があり, 土地所有
が明確であった. 一方で六甲山頂付近には, 元禄（1700年前後）の頃から南山麓
の住吉村など16カ村が入会っていた. このため, これらの村の了解も得て,
1874（明治6）年, 村の土地として地券を交付されている [新修神戸市史編集委員
会 1990：139].

　このように, 現在の六甲山を構成する神戸区, 兎原郡, 八部郡, 有馬郡では,
山林2万9091町歩のうち, 2万7106町歩93.4％が村落共同体の所有する公有林
も含めた民有林となった [新修神戸市史編集委員会 1990：131].

(2)　林野統一と町村合併

　1889（明治22）年になると，明治政府は市制町村制の施行に先立ち，新市町村の行財政能力を高めるため，官民有区分で民有とされた共有林について，新町村の財産とすることを原則としていたが，そのことが合併の妨げにもなったことから，旧町村の財産として使用・収益性を保持させる道を開く財産区制度が誕生した．

　例えば，本書第10章にみる下唐櫃地区を含む唐櫃村は，有野村，二郎村とともに新たな有野村となることとされたが，六甲山に大きな権益をもつ唐櫃村に対して，他の二村は平野が多い農村地帯であり性格が異なることから，この問題が合併の最大の支障とされた．林野財産は新たな有野村ではなく，旧町村の一部財産として旧唐櫃村の使用収益が認められ，1903（明治36）年には有野村唐櫃に，地方自治法上の財産区の前身である区が置かれ，1910（明治43）年には市制・町村制下の区会が設置された．これは村議会の関与を排除しつつ，財産区として明確な管理組織を確立させたものであった．

　また南山麓においては，菟原郡葺合村と八部郡荒田村が神戸区と合併し，神戸市が誕生したが，合併町村は市有財産への編入を拒んだため，林野が市有財産となることはなく，旧町村の財産は財産区または記名共有などの所有権登記の形態をとる部落有林（純粋部落有林）として管理された［新修神戸市史編集委員会 1990：283-86］．

2　六甲山の荒廃と植林の開始（明治時代）

(1)　六甲山の荒廃

　六甲山の歴史は，災害の歴史でもある．江戸時代から，1608（慶長13）年の住吉川の洪水をはじめとして，四十数回の洪水，堤切れに見舞われたという．この時期の六甲山の荒廃状況については，1762（宝暦12）年唐櫃村が幕府に提出した文書により「六甲山一帯は禿山でところどころに柴草が生育している状況で，土留工事の必要性が190か所ほど」と記されている他，1788（天明8）年にも魚崎村から幕府巡検使に住吉川修復の嘆願が出ていることからも明らかである．

1883（明治16）年，明治政府から地
方巡察使として派遣された元老院議員
槇村正直は，「六甲山は土砂が流出し，
山は骨と皮だけになっており，それも
崩れつつある．河川の氾濫の恐れがあ
るため植林を施すべきだ」と記してい
る［新修神戸市史編集委員会 1989：4-7］．

槇村は東六甲を視察し，一部の村で
は村民が土砂災害防止の方策を講じた
り，伐木を禁止したりしたしているこ
とをつぶさに視察し，時を移さず対策
を実施すべきと提言した．

明治10年代後半から，兵庫県の林野
政策は，治山砂防に重点をおき，民有
林の所有者に自治的に山林を保護させ
ようとしていた．特に課題があるとさ

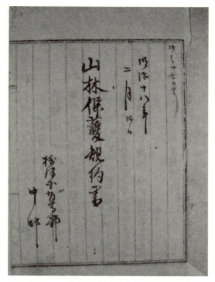

写真5-1　有馬郡中村森林保護規約書
（神戸市文書館所蔵）

れたのは村共有林であり，薪の生産性向上・林野生産力の増大との二重の課題
の解決を図っていくものとなった．

共有山林保護の声は，兵庫県全体で高まり，1884（明治17）年4月25日の兵
庫県農会では山林保護準則の設定に関し，県令への建議案を採択している．現
在の神戸市域を含む摂津一区五郡で民林保護準則が同年に定められた．乱伐の
禁止，伐採跡地への植林，監守人の設置など，この準則に基づき，村ごとに山
林保護規約が定められた．現在の神戸市北区八多町中にあたる当時の有馬郡中
村における森林保護規約書が神戸市文書館で保管されており，これをみること
ができる（写真5-1）．同年，県が同業組合準則を布達し，山林保護組合もこれ
に依拠することになった［新修神戸市史編集委員会 1990：142］．

明治期に入ってからも水害が多発し，特に1896（明治29）年の9月の湊川決
壊による大水害では死者38名を数えた．明治の中期，1892（明治25）年の大水
害を契機に，兵庫県が1895（明治28）年より六甲山系東端の逆瀬川上流で緑化
を目的とする山腹工及び堰堤工に着手したのが，兵庫県最初の砂防工事である

［神戸市六甲山整備室 2012：7-8］．

(2)　水道事業との関わり

　神戸市は，開港後，急速に人口が増加する一方で，毎年のように水害に悩まされていたが，上下水道も未整備で生活環境境悪化から伝染病も蔓延していた．この対策として1893（明治26）年より水道事業に着手し，1897（明治30）年から布引貯水池五本松堰堤築造を開始，1900（明治33）年に完成させた．これに先立って，荒廃した上流部からの土砂流入を防ぐため，布引水源第一・第二砂防堰堤を完成させたのが，神戸市最初の砂防堰堤と言われている（第4章参照）．

　1899（明治32）年，神戸市は貯水池水源域荒廃のおそれから東京帝国大学農科大学本多静六教授に水源涵養に関する調査と講演を依頼し，1900（明治33）年砂防工事及び造林を行うべき箇所を調査して10月に兵庫県に砂防工事の施工を申請，1901（明治34）年に生田川流域と湊川流域に11万8800円で砂防工事に着手し，布引水源第三砂防堰堤，1902（明治35）年に再度谷本流，1903（明治36）年に地蔵谷，再度谷支流の渓流に砂防堰堤を構築した［新修神戸市史編集委員会 1989：7-10］．

(3)　再度山の植林と六甲山緑化の特色

　1901（明治34）年，神戸市は，中一里山の水源域での砂防事業とあわせ，市街地への土砂災害防止を目的として市街地に接する口一里山を中心に，禿山のまま放置されている市内各区所有の部落有地を，市が植林する造林事業を行うことを決め，植林調査を実施した．

　この年，六甲山の植林調査の予算上程について，神戸市初代鳴瀧幸恭市長は議会に対して下記のように説明している．この中には，今日的課題にも通じるものがある．

- ・本市山林の多くは「はげ山」で地表が露出し，毎年のように土砂災害が発生している．
- ・灌漑用としても不適，飲料の源泉は汚濁，水道貯水池にも土砂が流入している．

・下流の湊川改修だけではなく，上流で山林を治めなければ，抜本的な解
　決にならない．
・このままでは，景観，環境，衛生上の問題がある．
・森林施業による収益を財源としていくことも，これまでは行われていな
　かった．
・山林の地形・土壌などを調査し，適当なる植林を行い，面積を測量し，
　森林整備及び経営の計画を立て，持続可能な施業とすることで，市及び
　所有者の双方に利益となる．
・本調査により，やむをえない場合は市費を投じても植林を行い，永続的
　な策を実施することが，本市の福祉の充実にもつながり，新たな予算項
　目とする［神戸市六甲山整備室 2012：9］．

　1902（明治35）年，市は各区会との間に「植林のため無償で土地を使用する
こと」「20年後の収益は市と区で 7：3 にわけること」とした契約を結んでい
る［神戸市港都局緑地課 1943：139］．
　同年 1 月，植林に先立つ本多博士の現地調査に同行したドイツ人砂防技術者
ヘーフェルが「水源地とし此く荒廃したるものは殆ど世界に見ない」と酷評し
たため，急遽水道掛を六甲同様に風化花崗岩に覆われていた滋賀県の田上山に
派遣して砂防工事を視察し，2 月18日より貯水池上流の再度山修法ヶ原0.68ha
でマツ・ヒメヤシャブシ各 1 万本の植栽，谷止工 5 基，積苗工の砂防工事を試
験施工した．さらに11月13日から翌年 3 月にかけ，神戸区ロ一里山12.7ha，葺
合区地蔵谷32.9haでマツ，スギ，ヒノキ合計約40万本の植林を実施し，1903（明
治36）年から本格的造林事業を実施した．2 月に修法ヶ原9.47haで植樹13万300
本，谷止工28基等を施工して再度山背後の禿山の緑化を完了した．これが神戸
市の施工した最初の砂防植林工事である［神戸市六甲山整備室 2012：8］．
　1903（明治36）年，市は本多教授に樹種選定等造林計画策定を委嘱している．
この大規模な計画的植林で特筆すべきことは，植栽樹種の多さである．クロマ
ツなど砂防樹を主にしながらも，木蝋を採取するハゼや樟脳を採るクスなどを
混植して森林経営の安定を図る計画としている．地形の急峻な六甲山における
森林経営の困難さを見抜き，風致にも配慮した植樹がなされたものである［神

戸市六甲山整備室 2012：8].

　　神戸市営造林事業と同時に，神戸市は区町村有林植樹補助，学校林植樹補助という補助制度を設け，山林を所有する各区の植林事業を推奨した．

　　1943（昭和18）年の「施業按（せぎょうあん）」によると，1902（明治35）年から1912（明治45）年，以降年々少量の補植を施して1915（大正4）年までに，神戸市は主として口一里山の部落有地など約600haに合計約334万本のクロマツ，アカマツ，ヒノキ，クヌギ，スギ，カシ，クス，ハゲシバリ（ヒメヤシャブシ），ケヤキ，ポプラ，ハゼ，クリ，カエデ，コブシ，イチョウ，サクラ，フウなどを植栽し，手入れを行った［神戸市港都局緑地課 1943：172］．

（4）　唐櫃における植林について

　　六甲山の北側では明治の終わりから植林が行われるようになった．明治時代に5町3反の記録が残っている［新修神戸市史編集委員会 1986：113-114］.

唐櫃では1917（大正6）年に林業技師が採用され，1918（大正7）年に施業案（植林と伐採の計画）が策定されている．造林は150町9反，伐採は153町が計画されている．そして同年から林道工事が着手された．現在，唐櫃地区の人工林では100年生近いと思われる人工林や当時のものと思われる林道跡が残っている．

写真5-2　下唐櫃の林道

3　林野の統一と入会の解消について

　　1922（大正11）年に兵庫県は「公有林野整理方針」を発し，部落有林野の市町村への統一，入会権解消を積極的に推進した．各部落間の持分にかかわらず，

無償無条件統一を目指していたが，実際には部落ごとの特典や期限を区切った歩合の設定などを講じていた．

　唐櫃では，この頃になると山上区域を別荘用地として貸し出すなど，林野というよりも地盤として価値を生み出すようになっており，林野会計が有野村会計の規模を上回る年度もあった．林野統一に対しては，各地に唐櫃の村民を各地に派遣して調査するなどし，最終的には条件付き統一を行うこととし，縁故使用地，特売地の確保を条件とすることになった．縁故使用地については，大正15年10月4日に有野村会に上程された有野村部落有林野整理可決書には以下のように示されている．

　　　別表乙号表記載の財産はなお今後の必要なるを以って元所有したる部落住民の旧来の慣行による縁故使用地として村に於いて施業方法を定め農業用地（肥料飼育，採取）及び薪炭材（燃料，薪炭及用材）の目的を以て慣行ある縁故使用部落民に地租公課取扱費の程度を以て使用料を聴取し現状の儘^{まま}貸し付けするものとす［有野村誌編纂委員会 1948：66-67］．

　特売地は山上付近222町歩で，このような広大な面積の特売地は他に例がなかったが，旧来の慣行などの事情を考慮されたものであった．

　入会権の解消にあたっては，唐櫃の山は南山麓の村による地益入会権が認められていたことを解消する必要があった．この解消にあたっては，兵庫県及び武庫郡，有馬郡の各々の郡役所が仲介により，金銭給付による解消が行われることになり，最終的には1926（大正15）年1月に契約が成立した［新修神戸市史編集委員会 1990：449-59］．

4　六甲山の開発について

(1)　山上地区の開発について

神戸は開港とともに，近代都市として歩みはじめたが，六甲山では居留地に居住する外国人によって，レクリエーション開発，別荘開発が進められた．

　六甲山頂付近は阪神電鉄や阪急電鉄が施設の経営にのりだしたが，特に阪神電鉄は前節で示した唐櫃の特売地222町歩を160万円で買収した．山上地区は別

荘地などの他，製氷用の池などの地上権も多く設定されており，これらも阪神
電鉄があわせて承継した．

　その後，阪神電鉄は延長 7 kmにわたって山上に回遊道路の建設，1932（昭和7）
年にケーブルの開通など，現在に至る六甲観光のインフラ整備を進めていく［阪
神電鉄 1954：140-43］．

(2)　都市の発展と裏山開発

　神戸では，入会林野は公的な性格を付与された財産区，民法上の純粋な私的
性格を有する部落有林の差はあっても，地元の人にとっては「地域の共有財産」
であるという意識が強いということが共通していたことから，市も行政による
統一に熱心ではなかった．このような姿勢が変化しだしたのは，昭和恐慌期を
経て山地開発の機運が高まったことが一つの契機である．

　1930（昭和 5 ）年，神戸市会に「裏山開発調査委員会」が設置された．これ
は山地を保存や保全することが目的ではなく，都市の発展にともない，住宅地
の確保など都市計画上の課題であった．

　この委員会設置の 9 年前，1921（大正10）年 6 月に兵庫県知事から神戸市長
あて，都市計画区域の決定に関する諮問が行われている．この諮問に対して，
神戸市は須磨区から芦屋に至るまで平地面積4171haに一部の山地を加えた合
計5854ha，人口150万人を想定したものを答申案として市会に上程した．これ
を受けて，同年 7 月，神戸市会は，市の理事者側への希望事項に「なるべく山
林の開発を希望します」とし，これを了承している．

　答申決定後，都市計画地方委員会は同年10月に，神戸市域外の中一里山につ
いても，その大部分が神戸区有林であることから，市背後の住宅地として適地
であるとして，都市計画区域に編入した．

　この結果，都市計画区域のうち，山林が60%を占める状況となった．しかし
ながら，開発を進めるためには，区有財産や部落有財産のままでは，区会では
起債などの便宜を得ることができないなど財政力の課題が大きかった．このた
め，これらの林野の権利を市に移管することで，円滑に事業を進めようとした
ものである［新修神戸市史編集委員会 2005：114-16］．

　1931（昭和 6 ）年には，葺合，神戸，湊西の 3 財産区ごとに小委員会を設け

て調査を行ったが，各区とも開発に異存はなく，特に神戸区からは事業の遂行
にあたっては，市区同数の委員の連合であたること，開発道路として諏訪山線
（再度ドライブウェイ），事業達成の前提として塩ケ原（修法ケ原）付近の土地15万
坪の提供案などが報告された．

(3)　区有林の市への移管について

　1932（昭和7）年に市会はこの報告を希望条件つきで可決したが，その条件
の一つとして，市内における区有及び部落有財産の山地全部を少しずつ市に移
譲させるよう，市に交渉を求めている．翌，1933（昭和8）年6月の市会にお
いて，「区有地の寄付の件」「寄付採納の件」が上程された．これは報告にあっ
た諏訪山線整備と塩ケ原の土地にかかる神戸区有財産である山田村下谷上字中
一里山と神戸区神戸港地方の合計18万3000坪の土地であり，塩ケ原の土地は現
在の再度公園となっている［新修神戸市史編集委員会 2005：114-19］．

　諏訪山線の整備については，市の中央部から六甲山に至ることで，景勝地と
して内外観光客や沿道土地開発，市の繁栄に大きく寄与するものとされ，労力

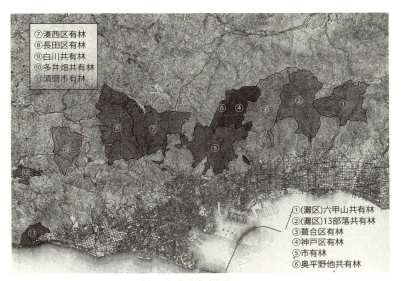

図5-3　神戸市背山概況図（一部加筆修正）

（出所）神戸市産業課［1937］概況図．

費が総工事費の6割を占める道路整備が，恐慌後の失業救済事業として最適なものだとされ，1933（昭和8）年着工し，1935（昭和10）年，塩ケ原まで完成した［神生 1981b：30］．

　さらに，1936（昭和11）年には「神戸市域の内外の各区並びに部落有林を適当な方法により，速やかに本市に移管せられんことを建議する」という議案が上程され，意見追加のうえ可決された．追加意見では，都市計画に準じた裏山開発計画を確定し，住宅，公園，保護林，風致地区など総合的な調査を行い，市が主体的に取組むことで林間住宅都市の実現は不可能ではないとされた［新修神戸市史編集委員会 2005：114-20］．

　これにあわせて，神戸市は体系的な計画を確定させるため，新たに山地課をおいた他，林地測量調査書や水源涵養に関する研究など，新たな植林計画にもつながる調査を行っている．水源涵養に関する研究では，傾斜15度未満の土地は住宅地などに転換していくこと，市域や人口が拡大していく中，集水区域の多くが区有林や共有林であり，管理が不十分で土地の荒廃を起こしていること，このため，公有林化や私有林の森林保護組合を組織することなど，森林の保全を急務としている［山本 1938：41-50］．

5　昭和13年阪神大水害と森林整備

（1）　復興計画における森林

　1938（昭和13）年7月に発生した阪神大水害の復旧に関して，神戸市が9月にまとめた復興計画では，災害の主因は六甲山系の地質と地形によるもので，復旧は裸地への植林と，川の浸食を軽減し，土石流などによる土砂の流下をとめる砂防事業の組み合わせであった．

　事業は，国，兵庫県，神戸市が分担し，表六甲主要渓流は国施工の砂防事業で，その他渓流は国および県施工の治山事業で，その他市有山地は市施工で実施することとなり，翌1939（昭和14）年，内務省神戸土木出張所六甲砂防事務所が設けられた．

　復興計画では山地の現況改良も指摘している．地盤の補強はもとより，適地適木の見地により，必要な樹種の更新を行うものとし，特に一般山腹部の造林

及び更新にあたっては，現在樹種に再検討を加えることなど，以下のような指摘をしている．

- ・保安林・砂防指定地，開墾制限地又は風致地区に編入し，取り締まりを強化すること
- ・部落有林は，市に統一し造林撫育に努めること
- ・私有林野の改良についても特に意を持ちふること
- ・市営林の林相改良及び造林保護は市において行うこと

さらに，その他の希望事項として，「山地の保護取締りに関する現行関係諸法規は，本市背山のごとき，大都市に近接し，市民生活と不可分の関係における山地に適さないものもあり，速やかに都市林法を制定し，山地を自然公園の目的と森林緑地の目的に合致させること」としている［新修神戸市史編集委員会 2005：130-33］．

(2)　公有林化による森林整備

1937（昭和12）年に，神戸，湊西区，1938（昭和13）年に，葺合区の部落有林計約1500haの寄付を受けて，神戸市は大規模山林所有者となっている．寄付受納の直後に発生した阪神大水害により六甲山南麓で323haの山腹が崩壊し，急遽，山地水害復旧事業，県補助による災害防備林造成事業により5カ年で371haの造林が実施された［神戸市 2003：27］．

1939（昭和14）年3月の森林法改正により，民有林に対しても「施業按」を策定することとなり，1943（昭和18）年に神戸市有林の施業按を策定し，同齢・単純林である人工林を複層林化する林相改良を目指した．戦争激化にともない六甲山は再び荒廃したが，市有林についての管理体制の基本はこの時期にできあがったものといえる．

6　戦中及び戦後の合併と林野統一について

1939（昭和14）年の森林法改正では，部落有林の統一政策は事実上破棄され，民有林施業の計画化という観点から森林組合に関する規定を充実させている．

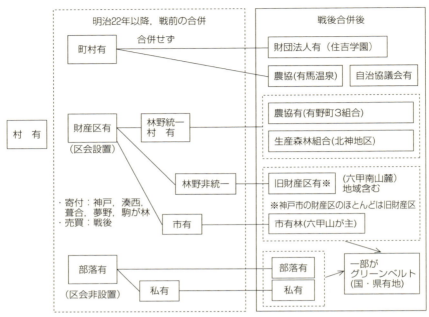

図5-4 神戸における森林所有の変遷

神戸市域の六甲山系では1941（昭和16）年に有野村に組合が設立された他，現在の北神区域の4村に組合が設立されたが，現在はすべて解散し，神戸市内に森林組合は存在しない．

　入会林野の所有形態は，戦後の神戸市との合併を契機に大きく変わった．六甲山系ではかつての入会林野の多くが財産区となったが，一方で住吉村の財団法人，有野村唐櫃の農業協同組合という形態をとる場合があった．

　このように複雑な形態となったことは，先述した「区有財産寄付の件」にみる神戸市による公有化への強い誘導が行われた一方，旧町村として入会を強硬に公有化するという行政関与・指導が比較的少なかったことが原因にあるだろう．また，旧来の財産は資源的側面だけではなく，薪炭採取や林産物を得る場，つまり日々の生活を直接的に支える生命線であった．それとともに，市街化が進んだ神戸市にあっては，財産の賃貸や処分，区有金の活用など農村地域とは異なる特色があった．その沿革，区域，住民，権利，法規定など旧来の住民の

管理慣行などの課題があった．したがって，その維持を適切に図ることは地域
社会の問題であり，財団法人や組合形態をとったことは地域の自由度を確保す
るためであったといえる［有田 1984：63-64］．

　また，六甲山系ではないが，長尾村（現在の神戸市北区長尾町）など北神地区で
は，林野統一を経て町村有林化されていた旧入会林の多くが，神戸市との合併
時に生産森林組合への無償譲渡という形式をとっていることも特筆する．

7　国立公園への編入

(1)　戦災復興計画における観光と国立公園の指定

　戦後，六甲山系を須磨舞子の海浜区域と共に神戸の観光資源として積極的に
開発する方針が，神戸市復興計画要綱にもとづき策定された神戸市教育文化復
興計画に示された．六甲山系については，周囲の有馬，宝塚，甲陽園など市外
も含めて観光及び避暑施設，これらを連絡する道路整備などの事業を行うもの
としている［新修神戸市史編集委員会 2005：303-309］．

　1952（昭和27）年頃には，朝鮮戦争特需などによる経済復興が進んだことから，
全国で国立公園の指定に向けて全国的に誘致合戦が行われていた．六甲山では，
兵庫県と神戸市・関係市が一体となって，「六甲国立公園指定促進連盟」を結

成して運動をしてきた．連
盟は1955（昭和30）年，「六
甲自然公園の厚生的利用
に関する調査研究」，「六甲
の自然」，「六甲の人文」を
まとめ，神戸市も独自に
「六甲山風景計画の基本問
題」を発表した．

　神戸市の「基本問題」に
は，国立公園を指定する選
考委員会の委員長でもあ
る田村剛博士の「六甲山観

図5-5　当時の計画図（一部加筆修正）
（出所）六甲国立公園指定促進連盟［1953］，裏表紙より．

光計画」が含まれている．これによると，「自然景観としては，植生面におい
て見るべきものが少ない．山上より四周の展望は頗る雄大で，全国に比べるも
のがなく……．人口稠密な阪神地方に介在する六甲山は，簡易に半日から一
日の行楽に適する点で，全国に類のない利用度の高い行楽地であり……，その
利用方法は頗る多角的である」としている．

　このような運動の結果，1956（昭和31）年に瀬戸内海国立公園に六甲山地域
（6788ha）が追加指定された．神戸市では，自然の保全と利用の調整に向けた取
組みが進められた．

　神戸市は，1956（昭和31）年に表六甲ドライブウエイを有料道路事業で開通
させた他，1955（昭和30）年には摩耶ロープウェイ，1970（昭和45）年には六甲
有馬ロープウェイを開通させた．昭和50年代には，西は須磨から東は宝塚まで，
１日のうちに歩き通す六甲全山縦走（全縦）の開始など，レクリエーション需
要の多様化に対応した行事が行われるようになり，市民の憩いと健康づくりの
場として親しまれている．

（2）　国立公園の乱開発防止と活性化

　六甲山は企業の保養所などが多く設置されたが，自然破壊も多く，記念碑台
を中心に六甲山上地区の良好な環境を保全するとともに，適正な利用を図るこ
とを目的とした「国立公園六甲地域環境保全要綱要項」が神戸市により1974（昭
和49）年に施行された．当初は緑化を定めたものであったが，1993（平成５）年
に幅広く環境保全に拡大するなどの改正が行われた．

　しかしながら，この時期にはいわゆるバブル経済の崩壊から，保養所の閉鎖
も目立つようになり，逆に六甲山の活性化が課題となったことから，2001（平
成13）年以降は事実上運用されなくなっている．その後も，いわゆる規制緩和
がより一層進めることができないか，兵庫県及び神戸市から，提言が行われて
いる．

8　都市緑地としての保全

(1)　風致地区と緑地保全地区

　風致地区とは自然の景勝地や名勝地の美観を保ち，その保全とそのための行為を取り締まる制度であり，1919（大正 8）年の旧都市計画法の第10条に定められ，神戸市では1937（昭和12）年に六甲山系を中心に，約5704haを指定していた．

　1968（昭和43）年の改正都市計画法では，第 8 条地域地区の一つに位置付けられ，第 9 条において都市の風致を維持するものと定義されている．当時は，公害問題から都市環境の改善が急務の時代であり，これに加えて，都市側から緑地を保全する制度が，新たに加わっていった．

　都市化の進展にともない，近郊林や緑地を守ろうという意図は，京都などの歴史的風土の保存，急激な都市化が進展していた首都圏，近畿圏から全国的な規模に拡大していった．1966（昭和41）年，首都圏近郊緑地保全法が制定されたのに引き続いて1967（昭和42）年，近畿圏の保全地区の整備に関する法律が制定され，六甲山においても近郊緑地保全区域などが制定され，建築物や工作物の新築，宅地造成，木竹の伐採などが届出制となった．その後，1968（昭和43）年，都市緑地保全法が制定され，良好な都市環境の形成による健康で文化的な都市生活の確保を目的とし，緑地の保全にかかる緑地保全地区などを定めることができることとなり，近郊緑地保全区域同様に前述の行為などが許可制となった．

　これらの緑地は，地域性緑地であり，土地の権原を有することなく，指定した区域内の行為を規制することで，自然環境の保全をはかるものである．許可制の場合，規制が受忍限度の範囲を超えるものとし，特別の補償を要するものとしている［土木研究所緑化生態研究室 1994：123-31］.

　2004（平成16）年 6 月，都市緑地保全法は都市緑地法に名称を変更し，都市域における緑地，樹林地の位置づけを明確にしている（第12章参照）.

　六甲山は，多くの区域を緑地保全の区域に指定しており，全国で指定された区域に占める六甲山の比重は大きい．全国の近郊緑地保全区域 9 万7329.7haの

うち9105ha（9.3%），同じく近郊緑地特別保存地区と特別緑地保全地区の全国合計6317.9haのうち1582.3ha（25.0%）を六甲山が占めている（国土交通省平成27年3月31日づけ調査資料から）．

　1938（昭和13）年の神戸市復興計画に示された都市林法は，このような形で理念的には一部実現されたと考えられる．

(2)　グリーンコウベ作戦と都市林こうべの森構想について

　昭和40年代に入ると，急激な都市化や経済成長が進む中，公害問題をはじめとする様々な社会問題が顕在化してきた．神戸市は「市街地の3割を緑化し，市域の7割を緑地として保全することが，市民の健康を高めるために必要な最も重要な都市計画である．」とし，1971（昭和46）年，「グリーンコウベ作戦」をスタートさせ，「3割緑化，7割緑地」の目標のもと，都市の緑の総量確保を明確に打ち出したものであり，市民・事業者の協力を得ながら現在も取り組んでいる．

　「背山（六甲山）の緑化」は「市街地，団地等，臨海地域，市民参加の緑化」と共にこの作戦の五つの柱の一つであり，1984（昭和59）年9月の「都市景観と背山緑化について」の公園緑地審議会答申を受けて，緑化計画の策定とこれによる花木の植栽など背山緑化の推進が図られた．

　民間資本を主体に開発が進められた六甲山東部に対し，西部では神戸区から引継いだ市有林が多く，国立公園区域内に森林植物園，再度公園，布引公園，六甲山牧場などの公的施設が立地し，レクリエーションや活動の拠点として機能している．

　1983（昭和58）年に制定された「都市林こうべの森構想」は，これらの神戸市所管用地を中心に2300haを市民が利用できる山として育成していくものとし，法規制，レクリエーション利用，市街地からの景観，自然条件の状況などの諸観点から一体的な森林として扱い，利用のための施設整備や沿道緑化，アクセスの改善などをまとめたものである．

　また，この区域の森林を神戸の風土に根差した常緑広葉樹を中心とした上で，四季を通じて楽しめるよう，山麓部や要所に落葉広葉樹林，花木林を形成していくものとし，森林景観評価，諸計画の策定，貴重な森林の調査評価などを提

言している.

（3）　神戸市「緑地の保全，育成及び市民利用に関する条例」と法指定の効果と課題

神戸市は，市街化調整区域のうち，農村区域を「人と自然の共生ゾーン」と位置付け，山林は「緑の聖域」として保全を強化していくこととした. 1991（平成3）年，「緑地の保全，育成及び市民利用に関する条例」が施行され，緑地を以下の三つに区分した.

・緑地の保存区域：自然環境面及び景観面の機能が非常に優れており，また防災面における保全の必要性が高く，重要度の極めて高く現状凍結型に保全する区域.

表5-1　六甲山における法及び条例の指定

根拠法	区分	指定（規制）主体	概要及び備考
自然公園法	第1種及び第2種特別地域	環境大臣	わが国の風景を代表するに足りうる傑出した自然の風景地
	特別保護地区		
森林法	保安林	兵庫県知事	
砂防法	砂防指定地	兵庫県知事	
都市計画法及び風致地区条例	風致地区　第1種，第2種，第3種	神戸市長	六甲山は第1種
近畿圏の保全区域の整備に関する法律	近郊緑地保全区域	国土交通大臣	無秩序な市街地化の防止住民の健全な心身の保持増進，公害・災害の防止に効果のある区域
	近郊緑地特別保全地区	神戸市長	上記のうち，特に重要な区域
都市緑地法	特別緑地保全地区	神戸市長	良好な自然環境を形成する緑地
緑地の保全，育成および市民利用に関する条例	緑地の保存区域	神戸市長	自然環境面・景観面・防災面の重要度の高い緑地を指定（現状凍結型）
	緑地の保全区域		（準じる区域）
	緑地の育成区域		（利用との調和）

　　　・緑地の保全区域：緑地の保存区域に次ぐ緑地の機能を有する区域.
　　　・緑地の育成区域：緑地として保全していくが，レクリエーション面の機
　　　　能が高い区域.

　このように，六甲山では，多くの法及び条例により，土地利用が規制され，
緑地として保全，レクリエーション利用に関する配慮が行われてきた.
　六甲山の国立公園編入においても，全体の5.3％にあたる482haが特別保護地
区に指定され，その他も特別地域に指定されるなど，自然環境の保全に大きな
効果があった.
　1970（昭和45）年には都市計画法に基づき，六甲山系の大半が市街化調整区
域に指定され，以降は概ね森林として維持されている.

9　阪神淡路大震災以降の六甲山

（1）　公有林化の推進・グリーンベルト事業

　1938（昭和13）年災害以降，六甲山の砂防事業は渓流整備，つまり砂防堰堤
の建設を中心に進めてきた.阪神淡路大震災では，六甲山系は多くの山腹崩壊
が生じ，土砂災害防止の観点から面的な広がりを持った対策が必要と考えられ
たことから，グリーンベルト事業が創設された.緑地を担保することで，土砂
災害だけではなく，自然環境の保全やレクリエーション機能，あるいは都市の
スプロール化を防止する多くの機能を果たそうというものである.計画の策定
にあたっては，1995（平成7）年度，有識者による懇談会を2回，県や市の担
当者も交えた基本方針策定委員会を3回開催して1996（平成8）年3月に，六
甲山系グリーンベルト整備基本方針を定めたものである.
　グリーンベルトは表六甲河川の流域，つまり六甲山系南側の土砂災害の可能
性のあるゾーンとし，特に市街地に面した第1尾根線までの区域は，発生源か
ら規模の大きい渓流を介さず直接市街地に被害を及ぼす可能性があるとし，
2360haをAゾーンとして用地を確保していくこととなった.
　グリーンベルト事業の主体は砂防事業ではあるが，六甲山は多重的に山地を
守る法規制がかぶっており，都市計画での位置づけを明確にしたところに事業

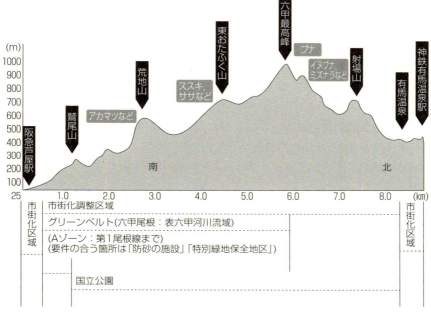

図5-6　グリーンベルトの断面概念図（芦屋川から有馬温泉）

の特色がある（第11章参照）．緑地を担保していく中で，市街地に直接面したAゾーンは都市計画法第11条第14項により同施行令第5条に定められた都市施設「防砂の施設」としての都市計画決定を行い，また合わせて都市緑地法の特別緑地保全地区を区域指定することとした．区域の確定にあたっては，例えば既に都市公園としての計画決定がされている区域などを除いている他，新たな指定にあたっては国立公園と特別緑地保全区域は重複させないなどの条件が定められた．

　また目標とする森林については，いわゆる砂防植栽で植林された樹木のうち，根が浅く倒れやすいニセアカシアなどの課題も指摘し，当面はコナラ・アベマキ群集を目標林としている他，市街地に面した危険木の伐採など，従来の規制型の森林整備からの方針転換を打ち出している．

(2)　六甲緑化100周年と市民参加

　グリーンベルトのもう一つの特色としては，維持管理に市民や企業参加を積極的に導入しているところにあり，指定された区域では，「森の世話人」として，資材の提供などを行っており，年度によって変化はあるが，概ね40の企業や団体が参加している．

　2003（平成15）年，六甲山の緑化にとっても100周年を迎え，次の100年に向けて，市民懇話会が開催されている．質の高い森林，市民や企業参加による森づくりなどが提案され，六甲山緑化の原点である再度山では，こうべ森の学校，森の小学校として企業の協賛を得ながら，市民や子供たちも参加する仕組みがスタートしている．

　兵庫県においても，「緑の募金」を活用した助成，あるいは「企業の森」の活動などが行われている．

(3)　県民緑税（災害に強い森づくり）と六甲山

　兵庫県は，2006（平成18）年度から県民税の超過課税として，一人あたり800円を徴収して，「県民緑税」事業をスタートさせた（第9章及び第10章参照）．同様の森林環境税では，水源涵養などを目的として，都市と山村の税負担公平化を目的としたものも多いが，兵庫県では2004（平成16）年度に発生した，大雨による土砂災害の発生など，放置民有林あるいは切捨て間伐後の土砂流出対策など，「災害に強い森づくり」を主眼とするものであった．このため，砂防指定地や保安林など防災事業を行える箇所については，緑税による事業の多くが適用対象外とされ，六甲山のように法指定が重なっている山では，適用されることが少なかったが，2016（平成28）年度から六甲山に多い風化花崗岩やマツがれ跡地の広葉樹林の急斜面対策として，都市山防災林制度が新たに加えられた．

(4)　六甲山森林整備戦略と最後に

　2011（平成23）年，神戸市は，各地で森林での災害が多発したこと，グリーンベルト区域に代表されるような住宅に近接した箇所の大木が，災害の原因になりうるのではないかという危機感から，次の100年を見据えた六甲山の森林

についての検討を行い，翌年 4 月に「六甲山森林整備戦略」として公表した．

　戦略では，地形，林相，利用，市街地への近接などを評価して，五つのゾーニングに分けて，標準的な管理（適切な伐採）方法を示すことで，現状凍結型の保全からの意識転換を図っている．また，六甲山系の約半分を占める私有林管理や新たな財源確保など総合的な森林整備に関する方針をまとめたが，所有者や多種多様な助成・補助制度を活用していくための検討を行い，2015（平成27）年度から唐櫃地区や六甲山上などの私有林整備にも市として必要な支援をスタートさせた．

　六甲山は，都市近郊林として，防災や環境保全など特色のある変化をとげてきた．防火林の歴史や今日的課題としての生物多様性など本章では触れることができなかった．六甲山は，「人と暮らし」との関わり合いの歴史であり，これからも，例えば，大きく成長した材の活用や保健利用など，六甲山ならではの新たな仕組みづくりが行政として必要な課題と考えている．

参考文献

有田弘 [1984]「神戸の財産区」『神戸の歴史』9，pp.63-87.

有野村誌編纂委員会 [1948]『有野村誌』有野村解体処理委員会.

奥中喜代一 [1964]『国際港都の生い立ち　その二』財団法人建設工学研究所.

金子平一・堂本高明 [1954]「縁故使用地の研究——兵庫県多紀郡に於て——」『兵庫農科大学研究報告 人文科学編』1(2)，pp.101-110.

神生秋夫 [1981a]「神戸市有料道路物語(1)」『神戸の歴史』3，pp.1-17.

神生秋夫 [1981b]「神戸市有料道路物語(2)」『神戸の歴史』4，pp.26-36.

神生秋夫 [1981c]「神戸市有料道路物語(3)」『神戸の歴史』5，pp.59-69.

建設省近畿地方整備局 [1995]「六甲山系グリーンベルト整備基本方針」.

建設省土木研究所環境部緑化生態研究室 [1994]「都市林の機能に関する研究」.

神戸市 [1941]『補修　神戸区有財産沿革史』.

神戸市 [2003]『六甲山緑化百周年記念「六甲山の 100 年　そしてこれからの百年」』.

神戸市有野更生農業共同組合 [1988]『有野町誌』.

神戸市建設局公園砂防部六甲山整備室 [2012]『六甲山森林整備戦略』.

神戸市港都局緑地課 [1943]「施業按説明書」.

神戸市産業課 [1937]「林地測量調査書」.

小堂明美 [2015]「「入会林野」の伝統が現代的な森林整備に有利に働く効果」『創造的都市研究』（大阪市立大学）11(1)，pp.63-83.

新修神戸市史編集委員会 [1986]「六甲山の入会林野の解体」『神戸の歴史』14，pp.98-133.

新修神戸市史編集委員会［1989］『新修神戸市史歴史編　自然考古』神戸市.

新修神戸市史編集委員会［1990］『新修神戸市史産業経済編Ⅰ　第一次産業』神戸市.

新修神戸市史編集委員会［2005］『新修神戸市史行政編Ⅲ　都市の整備』神戸市.

田村剛［1955］「六甲山風景計画の基本問題」神戸市建設局計画課.

阪神電鉄［1954］『六甲経営の跡をたどって阪神電鉄六甲経営史』.

本多静六［1939］「治水の根本策と神戸市の背山に就て」神戸市経済部産業課.

山口敬太［2010］「戦前の六甲山における公園系統の計画と風景利用策に関する研究」『都
　　市計画論文集』45(3), pp.241-246.

山田隆己・山田俊一［1955］「六甲自然公園の厚生的利用に関する調査研究」六甲国立公
　　園指定促進連盟.

山本吉之助［1938］「神戸市背山の水源涵養機能に関する研究」神戸市産業課.

山本吉之助［1981］「明治以降の六甲の変遷」『神戸の歴史』4, pp.15-36.

六甲国立公園指定促進連盟［1955］「六甲の自然」.

六甲国立公園指定促進連盟［1955］「六甲の人文」.

六甲砂防事務所［2006］『六甲山の緑の歴史』土地防災研究所.

六甲国立公園指定促進連盟［1953］「六甲連山と武庫川渓谷」.

第Ⅲ部

六甲の森を活かすまちづくり

――その現状と課題――

（撮影：川添拓也）

第6章

マーケティング視点で考える神戸六甲ブランド林業の可能性

はじめに

(1) 林業とマーケティングの定義

林産資源（木材及び，建築用材以外のきのこ類や木炭やつばき油などの特用林産物）は様々あるが，林業として考えると，木材の生産と販売が中心となる．

林業とは，除伐や間伐などを行って木々の成長を促し，森林を育成し，育った樹木を伐採し，木材を生産し，販売していく産業である．つまり，森林所有者が，長年かけて，人工的に育てたスギやヒノキといった樹木を山から切り出し，地元の木材市場などへ販売し，収益をあげ，また，植林し，育て，市場へ売るという循環で成り立っている．

そして，森林を育成する森林の整備が，水源涵養機能であったり，防災であったり，二酸化炭素の吸収を高め，地球温暖化に歯止めをかけたり，生物多様性を確保したりする森林環境保全につながっている（第1章参照）．

一方で，日本マーケティング協会 [1990] の定義によると，「マーケティングとは，企業および他の組織（教育・医療・行政などの機関，団体などを含む.）がグローバルな視野（国内外の社会，文化，自然環境の重視.）に立ち，顧客（一般消費者，取引先，関係する機関・個人，および地域住民を含む.）との相互理解を得ながら，公正な競争を通じて行う市場創造のための総合的活動（組織の内外に向けて統合・調整されたリサーチ・製品・価格・プロモーション・流通，および顧客・環境関係などに係わる諸活動をいう.）である」（日本マーケティング協会ホームページ）とされる．

(2)　六甲山と林業

　六甲山がある兵庫県は林野が約56万ヘクタールあり，県土の約67％を占める．その内，民有林の人工林の面積は，約22万ヘクタール，林業の素材生産量は，31万6000㎥（針葉樹・広葉樹計）である．兵庫県内は，林業が盛んな地域が多く存在する．一方，六甲山がまたがる市町の素材生産量はゼロである［兵庫県農政環境部 2016：30］．六甲山系の内，神戸市内森林面積だけで，8195haあり，六甲山の所有形態は51％が民有林である．六甲山系には，広大な林野が広がるが，事実上，六甲山では，林業は行われていないことになる．

　このように，六甲山には，木材生産可能な樹木は存在するが，大都市内にあり，経済発展の方向性や山の活用の方向性，また，山自体が急峻な地形を有している等，民有林において林業が発展しなかった．そして，林業が発展しなかったことは，特に民有林において，森林環境を維持する機能を持つ森林整備が十分に進まなかったことも同時に意味していると考えていいだろう．

　一方で現在，六甲山の森林環境保全の必要性が高まっている．花崗岩で構成され，水源涵養機能が弱い土壌により，斜面が崩れるなどの災害が多く発生している（第4章及び第5章参照）．そしていったん，荒廃すると植生の回復が難しい土壌である．

　もちろん，民有林の森林所有者には，森林の林産物による収益がない中で，森林保全のためのコスト負担をしながら，整備もしている所有者もあるが，他の林業地において，林業の森林整備の作業である間伐や作業道整備等の費用が助成金でまかなわれ，大規模に実施されていることに比べると限定的であると言わざるをえない．

(3)　本章の課題

　六甲山は，地域の市民にとっては，100万ドルの夜景や，山上の観光施設，ハイキングなどのイメージを喚起する．これらは，主に観光事業者のマーケティング活動に有用なことであろう．しかし，将来にわたり，六甲山の森林環境を維持する必要性がある森林所有者は，そのコストを将来にわたり負担することになる．六甲山の森林所有者は，国・県・市といった公的負担で整備が進められる公的所有者や所有地を利用した観光事業を行う所有者だけではない．

　コストがかかる六甲山の森林環境の維持を継続するには，観光産業だけでなく，様々な側面から，都市近郊林としての六甲山の恵みを生かすための市場創造を考えていく必要があるだろう．

　ここでは，六甲山で定着している観光やレクリエーションの側面からではなく，現在，林業が行われていない六甲山で，"六甲山"という名称や"神戸にある六甲山"という地理的条件等が持つ資産性を競争力とし，六甲山の林産資源を活用した市場創造の可能性をマーケティング的観点から考えてみたいと思っている．

1　林業とブランド

（1）　ブランドの役割

　ブランドとは，製品を特長づける名前やマーク［石井・嶋口・栗木・余田 2004：423, 430］のことである．そして，ブランドは，製品やサービスが手掛かりとなって，ブランドの名前やマークが想起される効果を持つ（ブランド再生）［石井・嶋口・栗木・余田 2004：436-437］，と同時に，そのブランドが手がかりとなって，製品やその特性，サービスに関わる様々な知識，感情やイメージが想起される効果（ブランド連想）［石井・嶋口・栗木・余田 2004：437-445］をもつ．

　つまり，ブランドは，顧客に対して，これらの効果が強ければ，強いほど，その商品を思い出させ，その特徴を連想させることができ，選択される余地を高めることができる．

　ブランドは，ある商材を購入しようとする顧客に対し，ブランドの持つ効果により，幾多ある商品群の中から，その商品を選択する可能性を高めるわけである．

　そこで樹木について考えて見ると，例えば，「スギの木」と言えば，どんな名前のスギの木を思い起こすであろう．多くの方が，「屋久杉」というスギの木を思い起こしたり，どのようなスギかを想像できるのではないだろうか？屋久杉は，樹齢が1000年，2000年を超えるものもある希少なスギであり，過去に木材利用には，不適とされ，残されたスギが伐採されずに，その原生状態が保存されたようである．世界遺産登録地域を構成し，森林生態系保護地域の保

存地区にも指定されるなど，結果として，観光資源としてブランド力を持つことになった．つまり，屋久杉は，観光側面に対しての強いブランド力を発揮していると考えられる．しかし，屋久杉は，林業にとってブランド化された商品の事例ではないようである．

(2)　林業における木材の差別化

　それでは，林業で扱われる商品としての木材においては，どうであろうか？

　現在，林業の現場では，一般的に木材の差別化は，各産地製材所の自主基準やJAS（日本農林規格）で規定された製材品の規格によってランクが分けられ，この規格が製品を特長づけるものとされ，商品の価値に反映されている．

　よく使われている規格は，産地製材所の自主基準で，化粧面での見栄えと節の少なさを優良とする基準で，無節，上小節，小節，特１等，１等，といったランクづけが，目利きの目視によってなされている．JASにおいても材面の品質で１級，２級，３級といったランクや寸法，強度などによってその規格が運用されている．

　製材前の原木が競りにかけられる木材市場では，材長とその曲がりの度合いや，シミのあるなし等によるランクづけがなされ，その時の需要と供給の具合によるが，同じ樹種，同じような寸法の原木でも真っすぐな直材と曲がり材では，その取引価格に，1.3倍から差があるときには，２倍程度の価格の違いが出ることもある．

　つまり，できるだけまっすぐに育ち，製材したときに節が少なく，木目が詰まっているなど，柱や板材などに製材された時に，より高規格な製材品になると想定されるスギやヒノキといった針葉樹の原木の価値が高い訳である．

　つまり，これらは，製品の外観によって差別化を図る物理的差別化［Kotler 2003：邦訳73］が図られているのである．

　それは，スギやヒノキを生産する（育てる）段階で，間伐や，枝打ちを適切に実施したり，あるいは，切り倒したあとの木材を乾燥させる手法であったり，そもそも山が生育に適した土壌や地形などの環境を有していたりする中でスギやヒノキの品質が決まっていくのである．

　つまり，現在，山に立っている樹木の品質を次年度から突然改善できる余地

はなく，過去から積み上げられた品質管理によってすでにその価値があらかた決まってしまっているといってもいいであろう．林業においての木材の差別化は，一般的にはこれらによっている．そのため，林業を営む林家が，長年かけて，この製品の規格の上でより良い製品化を目指して経営をして来ている．

（3）　木材の差別化の限界

　木材と比較して，お米について考えてみると，お米は毎年，生産され，出荷され，それを食する顧客が，お米屋やスーパーマーケット等で，直接選択する機会を持つためであろうか，新たな品種の開発が活発であり，新たな付加価値を持った商品が開発されている．そして，その中で，様々な特徴的な品質を持ったお米が，特徴的なブランド名を使用する方法で，ブランドによる差別化［Kotler 2003：邦訳 73］が行われている．「こしひかり」や「ひとめぼれ」など，お米の商品名が，その味や品質を示すものとして，お米の名前を認識する消費者が多く，ブランド米化された製品が多数ある．消費者は，JASの等級検査の表示よりも，製品名でその味や品質を理解し，選択するようになっている．

　前述したように，林業は，一般的に製品規格による差別化が主流であり，ある製品規格の木材は，すべて同じ価値として扱われる商習慣の上に成り立っている．製材される木材には，お米にある「こしひかり」や「ひとめぼれ」などのブランド米のようなものに該当するものが少なく，製品規格差による取引が主である．しかし，このような製品属性に基づくアイデンティには限界があるとされる．製品属性は顧客にとって極めて重要であるかもしれないが，もし，すべてのブランドがこの次元を満たしていると知覚されれば，それではブランドを差別化できなくなる．これらの製品属性は，競争相手にとって動かない標的とされ，模倣されるのである［Aaker 1996：邦訳 95-96］．

（4）　木材のブランド化の取り組み

　林業で扱われる木材としてのスギやヒノキでは，ある地域で，生産される木材がブランド化されているものも見られる．

　「秋田杉（秋田県）」，「東濃桧（岐阜県）」，「吉野杉（奈良県）」などは，付加価値の高い木材として認識され，取引されている．イメージしやすいように，その

他の林産物の例をあげると,「丹波のまつたけ（兵庫県・京都府）」などが, その産地がブランド名として認識され, 付加価値の高いまつたけとして取引されていることを考えるとわかりやすい方もいるであろう.

　産地によるブランド化は, 製品属性に限定される差別化にブランド概念を拡張する一つの視点とされる［Aaker 1996：邦訳 97-99］.

　しかし,「秋田杉（秋田県）」,「東濃桧（岐阜県）」,「吉野杉（奈良県）」などに見られるブランド化の取り組みは, 樹木の長い製品の生産サイクル（植樹から育成, 伐採まで）の中で, 数百年に渡り, 続けてきた製品の品質向上をベースとした結果, 蓄積されたブランドであり, 一朝一夕にはいかない側面がある.

2　六甲山の持つマーケティング的価値

　さて, ここで話を六甲山に戻したい.

　林業が行われていない六甲山で, 六甲山の恵みである森林や, 樹木をマーケティング視点で考えるには, これまで述べた木材のブランド化, 差別化の観点から考えていくことは難しいことがわかった.

　しかし, 一方で, "六甲山"という名称や"神戸にある六甲山"という地理的条件が持つ資産性を考え, これを六甲山の森林や樹木のマーケティングに生かす可能性を考えるといくつかのヒントがある.

（1）　飲料水のネーミング

　森林や山との関連で考えると, 飲料水がある. 飲料水には,「南アルプス」「富士山」「六甲」など, 山や山のある地域に関連する名称を付した商品名から, 消費者が持つ山や地域イメージとのつながりから, 水のおいしさなど, 様々な事を想起させるネーミングがされ, 差別化の取り組みがなされている.

　これらの日本原産の水は, その味単体での差別化は難しいと想像できる. 正式に実施したわけではないが, これらの水をブラインドテスト（外見や商標に影響されずに商品を評価するために, それらを隠して行うテスト）するとどれだけの人が商品名を言い当てることができるのかを想像すると, 特別に鋭敏な味覚保有者や, 海外の硬度やミネラル成分が高いなど, 特徴的な味を持つものを別とすれ

ば，日本原産の軟水の味の比較は，多くの方はわかりにくいのではないだろうか（試しに，周囲の数名に5種類の銘柄の飲料水を試飲してもらったが，わからない人がほとんどであった．もちろんこれが統計学的な有意性を示しているわけではない）．

コンビニエンスストアやスーパーマーケットで，「南アルプス」「富士山」「六甲」などの名前が付された水が並んでいたとき，「あの富士山の水か」と思ったり，「南アルプスの水って，おいしいそう」と思ったり，「神戸の六甲の水は，灘の酒どころが近いから，お水はおいしいはずだ」と思ったりしないだろうか？

つまり，差別化要素として，製品を特長づける名前やマークといったブランド［石井・嶋口・栗木・余田 2004：423，430］が一定の役割を果たしてしていることは想像に難くない．

(2)　1 t-CO_2 の価格の違い

カーボン・オフセットといった言葉はご存じであろうか？　これらは，現在日本でも，CO_2削減の手法として実施されている．「1 t-CO_2」とは二酸化炭素の排出量を質量（重量）で示したもののことである．

環境省の定義では，「カーボン・オフセットとは，自分の温室効果ガス排出量のうち，どうしても削減できない量の全部又は一部を他の場所での排出削減・吸収量でオフセット（埋め合わせ）すること」とされている．

例えば，ある企業が自社で排出する二酸化炭素を，他の場所で実施される森林整備活動やその他の二酸化炭素を削減できる事業に，二酸化炭素の排出枠を「何t-CO_2」購入するという形で，協力し，二酸化炭素の排出量を減らそうとする考え方や活動のことである（第9章参照）．

日本では，このカーボン・オフセットに用いる温室効果ガスの排出削減量・吸収量を信頼性のあるものとするため，国内の排出削減活動や森林整備によって生じた排出削減・吸収量を認証する「J-クレジット制度」を実施している．

兵庫県では，現在この制度に登録されている森林CO_2吸収量由来プロジェクトが五つある．兵庫県の北部の養父市，朝来市にある市有林，中西部にある宍粟市の二つの民有林，そして神戸市六甲山の民有林である．養父市，朝来市，宍粟市は，林業が盛んな地域である．木材の素材生産業者がおり，木材の市場があり，製材業者も多く存在している．日常的に山から木材が搬出されて，製

材され，販売されている．一方，先述したとおり，六甲山では，林業がなされていない．

　この環境省の制度で森林整備によるCO$_2$吸収量が認められるには，その森林の整備の計画（森林経営計画という）が立っており，その計画が各市町にて認定され，計画に沿って森林整備（間伐など）が行われている必要がある．そもそも林業地域では，森林整備に関する助成を受けながら，林業を進めるために，その要件となる森林経営計画は立っていることが多い．しかし，林業が行われていない六甲山においてこの計画が立っている民有林は，ほとんどないのが実情である．

　現在，行政が助成する森林整備は，搬出間伐といって，木材を山から搬出して，販売する目的の森林施業に対して行われることが主である．つまり，林業が行われていない六甲山には，計画を立てても，助成されるメニューが現在も，また，過去からも少ない上に，森林を整備する計画を立てることにもコストがかかり，仮に一旦森林整備の長期計画を立て，認定を受けると，助成メニューが少ない中で，ほとんどを自力で整備計画通りに整備を進める必要が生まれる．そのため，六甲山の民有林の森林整備は，森林経営計画によらずに，所有者ごとに独自に管理していることが多い．

　しかし，一部，森林経営計画を立てて，整備コストの多くを負担し，間伐等を実施している組織もあり，J-クレジット制度において，六甲山の森林整備によるCO$_2$吸収量が認められるものが規模は小さいが存在している．

　一方で，これらのプロジェクトから，CO$_2$の排出枠を得ようとする企業は，どこのプロジェクトから生まれたものかを意識する．企業の地元であったり，工場がある事業地であったり，その他の事業展開をしている地域であったり，顧客が住む地域であったり，その流域の森林環境を守ることが事業にとって大切であったり，出来る限りは，その企業との関連性を重視してプロジェクトを選ぶ傾向にある．

　それは，企業のCO$_2$削減活動としてのカーボン・オフセットの活動に，CSR（企業の社会的責任）として意味に加えて，広報的意味や宣伝的意味などマーケティングの要素を含めて，プロジェクトを選定したい意図がある．

　必然的に，神戸，芦屋，西宮，宝塚といった，市民や企業を多く抱える都市

にまたがる六甲山は，企業の顧客の認知度や関連が高い山であり，その需要が高くなる．顧客の認知が高い山から企業のCO_2削減活動としてCO_2の排出枠を得て，六甲山の森林整備活動に寄与する方が，他の地域の山に寄与するよりも企業のカーボン・オフセットの活動のマーケティングの要素を含めた意味合いが高くなると判断するわけである．

　このCO_2クレジットの価格は，クレジットの市場の需要と供給で決まる．この五つのプロジェクトでは，六甲山由来のクレジットのニーズが高い一方で，その供給量が少ないため，1 t-CO_2の価格は，高く取引される訳である．同じ二酸化炭素 1 t でも，六甲山が持つ様々な文化的な意味がその価値を高めていると考えられる．

3　六甲山から搬出される木材の価値創造

　これらのヒントをベースにして，六甲山から搬出される木材（以下神戸六甲材としよう）の価値創造について考えたい．

　現在，林業が行われていない六甲山から木材は日常的に，搬出されていない．筆者は，わずかながら搬出される事業を確認しているが，六甲山の森林所有者は，先に述べたように林業地域にくらべ，育成に多くの手間をかけられない事情に加え，地元に木材市場や製材所がない六甲山の地理的不利から，搬出した材は，わざわざ遠くの他の地域の市場へ輸送する手間とコストも負担せねばならない．しかし，一旦，市場に出ると，木材市場でのランク分けや，産地製材所の自主基準やJASで規定された製材品の規格によってのランク分けで木材の価値が決められるに過ぎない．神戸六甲材の搬出の努力は，現在の林業における価値判断では報われることがない．

　このような事情を持つ神戸六甲材には，活用できる可能性があるのか？

　どのようにすれば，すでに伐採などの手入れが必要となっている六甲山に育ってきた木材を生かし，林業的な循環型の森林環境の保全につなげられるのか？　ということについて考えたい．

(1)　マーケティング的視点からの価値創造

　利益や価値といった差額は，企業で雇用される生産要素群をめぐっての価値体系と，そこから作り出された製品を手に入れる別の社会の価値体系の差異こそが生み出すものである［石井 1993：245］とされる．

　既存の木材生産者側からの価値は，原木を購入する木材市場であったり，製材者であったり，製材後の製品を購入する木材卸業者であったり，既存の木材の取引関係のバリュー・ネットワーク中で完結する．先に述べたように，木材の価値は，原木の"立派さ"から品質を判断する木材市場関係者や製材後に産地製材所の目利き者が行う判断や，JASで規定された製材品の規格によってその価値が決まる．

　しかし，既存の木材の取引関係から視点をさらに拡げると，六甲山にある樹木には，そこから作り出された製品を手にいれる一般消費者が持つ六甲山に結びついた価値がある．

　神戸六甲材を単純に木材という物質の観点から見れば，木材生産側の論理では，特別な価値はないが，消費者が持つ神戸や六甲山から想起されるイメージや価値と神戸六甲材が結びつくことで，そこに新たな価値が創造されると考えられないか？　ということである．神戸六甲材の価値創造のためには，その使用価値に目を向ける必要がある．

　神戸六甲材においては，マーケティング・マネジメントの基本的枠組みである顧客との関係性の創造と維持［石井・嶋口・栗木・余田 2004：29］の対象を既存の木材の取引関係者から一般消費者へ視点を切り替えるのである．その時，製品，価格，流通，プロモーションといったマーケティング諸活動のマネジメントが新たに生まれるであろう．

　同じ木材で出来た家具や雑貨や事務用品などでも，「神戸市という地域に結びつく神戸六甲材」や「神戸六甲材で作られている"コト"」に文化的な意味を受け取るコミュニティの生成が価値創造につながるのである．

(2)　神戸六甲材のブランド化

　神戸六甲材の価値創造には，消費者が結びつけている神戸や六甲山の様々な知識やイメージ，つまり神戸六甲材のブランド化が重要になる．神戸六甲材の

ブランド化は，神戸や六甲山のブランド化が大前提であり，それは，"地域の
ブランド化"にほかならない．

　真の意味での地域ブランド化は，特産品でも観光でもなく，地域に住み集う
人々のコミュニティの息吹とネットワークである［和田 2002：194］，とされる．

　六甲山は神戸市，芦屋市，西宮市，宝塚市といった街の一つのアイデンティ
ティーである．六甲山のブランド化には，六甲山に住む住民や六甲山を特長づ
けているこれらの都市の地域住民のコミュニティの六甲山に対する意識が大切
であろう．

（3）　六甲山のブランドアイデンティティを様々に読み取る消費者コミュニ
　　　ティの生成

　さらに考えておく必要があるのは，使用価値は，偶然性，恣意性を逃れるこ
とができない［石井 1993：239-241］点である．

　神戸六甲材の使用価値は，アプリオリに規定できない．神戸や六甲山の持つ
文化的な意味を生成する消費者コミュニティに連動して，神戸六甲材の価値は
変化する．

　そういった意味において，神戸六甲材のマーケティング的視点からの価値創
造には，神戸にある六甲山のブランドアイデンティティを様々に読み取る消費
者コミュニティの生成が重要である．

　六甲山にまつわる様々に発信される情報とこれを受けた消費者によるコミュ
ニティ形成と消費者からの積極的な六甲山へのアプローチが起きることが神戸
六甲材の価値創造には重要である．

　つまり，これらの消費者コミュニティが神戸六甲材で作られたモノに対して，
「神戸市という地域に結びつく神戸六甲材」や「神戸六甲材で作られている"コ
ト"」の文化的な意味を同時に消費しながら，木材の物理的価値を超えた，そ
の使用価値を創造することになるのではなかろうか？

4　神戸六甲材利用の課題

　ここまで，神戸六甲材のマーケティング的視点からの価値創造を考えてきた．

　しかし, 林業という限りは, そもそも六甲山から木材は, 搬出され, 活用できる可能性があるのか？　という基本的課題に立ち返って検討したい.

(1)　六甲山からの伐採木の搬出について

　筆者は, 2015年度, 神戸市による六甲山の森林整備事業で伐採された樹木の搬出の可能性, 及び樹木の製材の可能性を検証した. 六甲山系の神戸市有林 (神戸市中央区神戸港地方・二本松林道) において, 広葉樹林等整備が行われている六甲山系リフレッシュ工事に伴い伐採された樹木を選別, 搬出し, 製材を実施した.

　対象とした樹木は, 伐採された全樹種のうち, 末口が直径20センチメートル以上で長さが2メートルから4メートル程度のもの30本程度を対象とし, 選別をした.

　選別搬出した伐採木総量は, 合計4.349㎥であり, その樹木の種類, 末口直径等の詳細は以下**表6-1**のとおりである.

表6-1

NO	樹種	長さ(m)	末口(cm)	材積(㎥)
1	カシ	2	40	0.32
2	カシ	2	48	0.461
3	カシ	2	50	0.5
4	カシ	3	30	0.27
5	カシ	2	34	0.231
6	カシ	3	44	0.581
7	カシ	3	26	0.203
8	カシ	4	16	0.102
9	カシ	2	32	0.205
10	カシ	2	26	0.135
11	サクラ	2	24	0.115
12	ヒノキ	3	30	0.27
13	スギ	3	24	0.173
14	モミ	2	28	0.157
15	クスノキ	2	46	0.423
16	クスノキ	3	26	0.203
合　　計				4.349

写真6-1　六甲山の森林整備事業 (林道整備事業) で伐採された樹木

(2)　伐採木の製材について

　伐採木から各樹種を織り交ぜて，製材目標とした製材品は**表6-2**である．

　この実証実験は，前述の通り，実施の条件を六甲山系の市有林（神戸市中央区神戸港地方・二本松林道）において，広葉樹林等整備が行われている六甲山系リフレッシュ工事に伴い発生する材の中から利用可能な材を選別することを条件としたため，材を重機で押し倒したと想定されるような切り口が散見されたり，長さも均一ではないなど，一般に林業において製材前提で伐採するような伐採方法ではないため，伐採木から製材品にする効率が悪いことを想定した上での製材品の目標数量となっている．

表6-2

サイズ（長さ×幅×厚さ） 単位：mm	目標数量
450×100×14	100
600×90×20	100
450×65×10	100
450×90×11	100
450×100×11	100
120×60×60	50
450×100×8	200

写真6-2　製材されたヒノキ（450×100×8 単位：mm）

(3)　神戸六甲材の搬出の課題

　今回の実証にて，わかった課題の一つは，伐採木搬出用の作業場の確保の問題である．製材用の原木の搬出には，林業機械を入れて，伐採した樹木を集積し，搬出を可能とする作業道や，搬出作業用の土場が設計されている必要がある．木材搬出を前提にすると当然の内容であるが，現在行われてい

写真6-3　伐採した樹木の搬出作業風景

る木材搬出を前提としない森林整備事業の現場では，土場と作業道の狭さの関係から，4tトラック1台ずつ交代での非効率な集積を余儀なくされた．神戸六甲材を活用するには，木材搬出を前提にしたこれらの作業スペースの設計が重要であり，伐採木搬出用の大型トラックが同時に待機し，転回できる場所の確保を含めた計画が必要である．

(4)　神戸六甲材製材の課題

　林業では，主に人工林で，製材を前提として育成された，スギ，ヒノキ，マツといった針葉樹が製材の主な対象となっている．一方で，六甲山においての森林整備等の事業では，自然に生育した広葉樹も伐採の対象となっているケースが多い．カシ，クスノキ，モミ，サクラなど広葉樹は，ヒノキやスギと比較して，製材時に樹木の反りが多く発生するために，目的とする製材サイズより，一回り大きく製材（粗引き，1次製材）し，木材の乾燥による反りや曲がりを出し切った後に，定型サイズに再製材（2次製材）するか，原木の状態で相当な長期間の乾燥期間をとり，製材後の反りや曲がりを防ぐなどの必要がある．理想としては，1次製材後に3カ月から4カ月の自然乾燥が必要となるなど，針葉樹の製材に比べて，手間がかかる．林業地帯の流通にある効率化された製材所では，ヒノキ，スギを中心とした，製材目的で伐採された針葉樹を人工木材乾燥設備で乾燥させ，最終的な製品に仕上げる加工まで，製材するラインが構築され，効率化された業務フローが構築されている．

　しかし，この製材ラインに，製材目的で育成されず，製材しやすい形で伐採されていない，カシ，クスノキ，モミ，サクラなど広葉樹の原木をラインにのせることは，現実には，難しいため，この実証では，業務フローに融通が利く小規模製材所の特別対応で実施した．

　小規模製材所は，製材技量は保有していても，人工木材乾燥施設備などの設備を保有しているケースは，あまりないと考えられる．そしてこれらの製材所は，兵庫県の中部以北に多いため，輸送コストがかかる．

　上記を含めて，製材を目的とした伐採から製材に比べて，手間と時間が必要であり，結果的に効率化された製材所での製材よりも，コスト高になる．

(5)　神戸六甲材利用の可能性について

　六甲山森林整備事業から発生する木材の活用への課題は，搬出過程においても，製材過程においても効率が悪いということである．

　現在は搬出が前提となっていない六甲山の森林整備を，伐採木を部分的に搬出活用する前提で，森林整備事業を設計したり，製材過程においても，扱いづらい形で伐採された針葉樹，広葉樹を含めた製材手法の効率化の可能性を探る必要があり，このことが，神戸六甲材利用の可能性を高めることになる．

　そして，これらの通常の木材流通よりも非効率な過程を得て，製材される神戸六甲材は，通常よりもコスト高になると同時に，木材市場でのランク分けや，産地製材所の自主基準やJASで規定された製材品の規格によってのランク分けにおいても，高品質の木材は得ることが難しいことを前提に，その活用を検討する必要があるだろう．

お わ り に

　ここまで，「マーケティング視点で考える神戸六甲ブランド林業の可能性」として，神戸六甲材のマーケティング的視点からの価値創造や神戸六甲材利用の可能性について考えてきた．

　単純に林業といってしまうと，できるだけ一つの山に多岐に存在する森林所有者をまとめ，森林を団地化して，木材の搬出に効率的な作業道を設計し，年間数十，数百ヘクタールといった大規模な森林整備計画を立て，木材搬出の効率化と，高収益化を目指すことが，現在の林業経営の方向性ということになるが，ここでいう神戸六甲ブランド林業はそうではない．六甲山を，既存の林業の価値感の中に置くと，市場創造の可能性は見いだせないであろう．

　もちろん，近年，進められる再生可能エネルギーのバイオマス発電等の事業用の原料として六甲山の伐採木を活用する新たな需要が開発される可能性はあるであろう．しかし，これとて，どれだけ安定的に山から木を搬出し，燃料用に加工できるかという効率化の問題に突き当たる．経済発展の方向性や急峻な地形を有し，林業が発展しなかった六甲山においては，木材搬出の課題がつきまとう．結局，燃料となる木材は，神戸や六甲山のブランドアイデンティティ

を生かす方向性ではなく，「燃料 1 トン単価」に見合う効率重視での事業化の方向性となるであろう．

　ここでは，あくまで六甲山という，林業が行われていない神戸や芦屋や西宮や宝塚という都市にある山で，すでに樹木の伐採などの手入れが必要となっている六甲山の森林環境維持をするには，観光産業だけでなく，様々な側面から，六甲山の恵みを生かすための市場創造を考えていく必要性があろうという前提に立っている．その中で，六甲山にある手入れが必要な樹木を生かし，神戸六甲材に既存の林業とは違った視点で価値を生み出すことで，その市場創造の可能性を考え，これを神戸六甲ブランド林業の可能性として検討した．

　繰り返しになるが，神戸六甲ブランド林業には，J-クレジットの「六甲山由来である“コト”」がニーズとなる企業群があり，合わせて，その希少性が価値を高めている事例が示すように，「多くは流通しない，六甲山由来である木材」としてのニーズを創造する必要がある．神戸六甲材のブランド価値創造には，神戸六甲材の物理的な価値を超えた新しい価値，つまりは，同じ木材で出来た家具や雑貨や事務用品などでも，「神戸市という地域に結びつく神戸六甲材」や「神戸六甲材で作られている“コト”」に文化的な意味見出す消費者コミュニティの創造とそのための仕掛けが重要である．

　神戸六甲材の使用価値は，アプリオリには規定できない．神戸六甲材の使用価値は，六甲山のブランドアイデンティティを様々に読み取る消費者コミュニティの生成と消費者の積極的な六甲山へのアプローチが起きることで創造されるのであろう．

　本章が，六甲山に育ってきた木材を生かし，林業的な循環型の森林環境の保全につながるヒントとなることを期待したいと同時に，六甲山のような大都市に隣接し，林業が発達していない地域の森林にとっても同様にヒントとなれば幸甚である．

参考文献

石井淳蔵［1993］『マーケティングの神話』日本経済新聞社．

石井淳蔵・嶋口充輝・栗木契・余田卓郎［2004］『ゼミナール・マーケティング入門』日本経済新聞社．

兵庫県農政環境部［2016］『兵庫県林業統計書』.

和田充夫［2002］『ブランド価値共創』同文舘出版.

Aaker, D. A.［1996］*Building Strong Brands*, Free Press（陶山計介・小林哲・梅本春夫・石垣智徳訳『ブランド優位の戦略』ダイヤモンド社，1997 年）.

Kotler, P.［2003］*Marketing Insights from A to Z : 80 Concepts Every Manager Needs to Know*, John Wiley & Sons（恩蔵尚人・大川修二訳『コトラーのマーケティング・コンセプト』東洋経新報社，2003 年）.

日本マーケティング協会ホームページ（http://www.jma2-jp.org/　2016 年 11 月閲覧）

第7章

市民協働によるつながりの場
——六甲山大学での試みを通じて——

1 ヨソモノから見た六甲山

（1）　神戸との三度目の出会い

　全く個人的な話で恐縮だが，私と神戸との縁はこれまで三度ある．1981年に開かれた「神戸ポートアイランド博覧会」（通称：ポートピア'81）に，親に連れられて行ったのが初めての神戸体験であった．とにかく混雑して暑かったという記憶しかないが，ポートアイランドが未来都市そのものに思えた．

　二度目は1995年の阪神淡路大震災で，灘区内の避難所となっていた小学校でのボランティア活動である．大学生だった私は「とにかく何かできることを」という思いで駆け付けたが，結果として被災者から感謝されるだけでなく，逆に励まされる一方，自分の無力さを痛感した．少し苦い思い出として胸に刻まれている．

　そして三度目は2004年から始まった神戸市と環境省による「エコツーリズム推進モデル事業」に端を発する，六甲山の活性化への参画である．私が所属するホールアース自然学校は，静岡県富士宮市に本拠を置き，30年以上にわたり自然体験型の環境教育事業を行っている民間団体である．三度目は仕事として，ホールアース自然学校が持つ自然体験型プログラムのノウハウを活かした，新たなプログラム開発と推進体制の構築，さらには地域コーディネーターとして，六甲山上の事業者・団体と連携してエコツーリズムの定着を図るべく，奮闘することとなった．

　以来，およそ10年にわたり神戸・六甲山に関わり，特に後半5年間，神戸に住んだ者として感じたこと，やってきたことをお伝えしたい．

(2) 六甲知っとう？

六甲山についてほとんど知識がなかった私には，知れば知るほど，六甲山の奥深さ，面白さに「ハマって」しまった．例えば，六甲山と言っても，実は六甲山と言う名前の独立峰はなく，地図上には標高931mの場所が「六甲最高峰」と記されているだけである．摩耶山，高取山といった数多くの峰々が連なる山地を総称して六甲山と呼ぶのが正しいと思われるのだが，関西人にとっては阪神タイガースの応援歌「六甲おろし」に登場する山としても広く認知されている．

私が最も驚いたのは，六甲山が神戸市街と非常に近いことである．例えば，新幹線が止まる新神戸駅から歩いて10分ほどで着く布引の滝は，日本の滝百選にも選ばれている優雅な滝である．滝があるということは，段差の大きな山地があり，かつ豊富な水量がある川がある証でもある．加えて山上へのアクセスは整備されており，三宮から30分ほど上がってくれば標高800m前後の山上エリアに到着し，市街地より5℃ほど気温が低い，文字通り「アーバンリゾート」が広がっている．人口150万人の大都市神戸に近接し，標高800m前後の山が連なる六甲山は，世界的に見てもユニークな存在ではないだろうか．

明治の神戸開港以来，六甲山上は居留外国人の避暑地として開発が始まり，日本初のゴルフ場やカタカナ名のハイキング道，90年の歴史を持つケーブルカーなど，お洒落な街・神戸の象徴として市民だけでなく，多くの観光客に親しまれてきた．ところが，私にとってのこうした「驚き」「不思議」は，多くの神戸市民にとっては「当たり前」または「知らない」ことである，ということにさらに驚かされた．

「六甲知っとう？」これは，神戸弁で「六甲のこと知っている？」という意味である．この言葉をキャッチコピーとして，神戸に来る観光客はもちろん，むしろ毎日六甲山を目にしている市民に対して，もう一度六甲山の魅力に気づいてもらいたい．こんな想いから，私たちの六甲山でのエコツーリズム，すなわち自然や歴史文化をテーマとした体験型の新たな観光への模索がスタートした．

（3）　エコツアーで見えてきた六甲山の可能性と課題

　気軽に登れる山，無料のハイキングイベントが多数行われている山．こんな六甲山で富士山麓や沖縄で定着している有料のエコツアーを行い，それを山上全体での取り組みに広げることで継続できる体制を創る．私に課せられた使命を果たすべく，挑戦を続ける中で一定の手ごたえを感じつつ，主に個人や小グループを対象としたツアーだけでの事業化は難しいことも痛感した．

　一つには，六甲山上の最大の資源ともいえる眺望・景観が天候の影響を受けやすいということがある．例えば，1000万ドルの夜景と称される山上からの景色をフックにし，夜の森を歩く「ナイトハイク」というプログラムは，ホールアースが早くから取り組んだ定番の一つであるが，春から夏にかけて霧が発生しやすい六甲山では，せっかく集客できても天候の影響で中止せざるを得ないことがしばしばあった．夜景に頼らない，夜の森の雰囲気を感じ，非日常から日常生活を見つめなおすというテーマで実施することはできるのだが，参加者が求めるもの，分かりやすいウリはやはり夜景の大パノラマであることに変わりはなかった．

　二つ目の課題は，施設間の連携強化である．神戸市中心部から30分程度でアクセスできるという点は，強みに見える一方で，同じ時間距離で競合する魅力的な観光スポットや体験メニューが様々あることを意味する．山上の多様な施設がそれぞれの強み，魅力を活かした体験プログラムを揃えることで，エリア全体としての魅力を増加させ，競合他地域から六甲山を選んでもらうことができるのだが，多様な主体の観光施設・事業者にとってエコツアーは当時馴染みがなく，「どれだけ儲かるのか」がはっきり見えず，足並みをそろえて取り組む意識の醸成に時間がかかった．

　三つ目の課題，これが最も大きいと思ったことだが，情報発信力が弱いということである．個々の施設や事業者は，当然それぞれのWEBやチラシ配布といった情報発信は行っているが，六甲山として捉えてみると決して十分アピールできているとは言えなかった．まして新参者のホールアースに対する認知は皆無に等しく，ツアー参加者からはことあるごとに「こんなに楽しいプログラムなんだから，もっと宣伝すればいいのに」と温かくも厳しい激励をしばしばいただいた．

どうすればこうした課題を解決できるのか. 答えがなかなか見つからない中, 神戸六甲分校として看板を掲げてから 3 年目の2011年夏に, 意外なところから転機が訪れた.

2　誕生!　六甲山大学
―― NPO とメディアが主体となって, 行政・企業が支援する, 新しいカタチ――

(1)　神戸新聞社との出会い

2011 年 7 月, 突然神戸新聞社の神戸新聞地域総研のメンバーが六甲山上のホールアース事務所を訪ねてきた. 神戸新聞は地域ブロック紙としては全国的に有名で, 兵庫県内のメディアとしては最大である. これまでたまに取材を受けたことはあったが, 地域総研という部署は正直知らなかった. 話を聞いてみると, 地域メディアとして六甲山の活かしきれていない魅力をもっと活用できないか, という問題意識であった.

なぜ神戸新聞社がホールアースに声をかけたのか. 今考えると不思議だが, 六甲山上の事情にある程度明るく, 阪急・阪神グループのような巨大資本でもなく, 神戸市・兵庫県といった行政でもない. また, 六甲山にかかわる市民団体は多数ある中で, 比較的新しく (ある意味色がついていない), エコツーリズムを実践していたのは当時ホールアースくらいだったからかもしれない.

六甲山の魅力を活用しきれていない. この問題意識を, 関係者で共有する中で, 情報発信の強化が自ずと必要となり, 六甲山上で行われている取り組みをできるだけ集めて発信しようというコンセプトの下, ポータルサイトの開設を検討した. 当初, ポータルサイトは六甲山上で行われている取り組みをできるだけ集めて発信しようというコンセプトの下, 六甲山 (653) の語呂も踏まえて「チャンネル653」というネーミング案が出ていたが, 「大学」を名乗ったほうが様々な意味で話題性があり, 発信力が高まるのではと考え, 「六甲山大学」と銘打つことにした.

こうして六甲山大学の実現に向けた議論が始まった. 2012年 2 月に山上関係者 (六甲摩耶観光推進協議会, 摩耶山観光文化協会, 灘百選の会) による最初の顔合わ

せが行われ，開校に向けた準備が本格化した．

（2）　開学の趣旨と大学仕立てのこだわり

　当時書かれた六甲山大学の企画書から，一部を抜粋する．この中に六甲山大学の趣旨，目的が書かれている．

　　「六甲山大学」は，「六甲山をテーマに，または六甲山，摩耶山，山麓を舞台に展開する，大学という名の学びの場」をイメージしている．言うまでもないが，これは学校教育法上で定められた正規の大学ではない．大学という名前が持つ，正統性，非営利性に加えて，知的探求の場，一般社会とは少し離れた非日常性も反映させることを目指す．六甲山大学は「大学」の形にこだわることで，これまでの単発・分野別に陥りがちな取り組みとは違い，より多くの人たちに興味をもってもらえると考えている．

　　大学のキャンパスとして六甲山，摩耶山，山麓の3カ所を見立て，広く市民に「学び」の機会を提供するとともに，大学運営にかかわる関係者のネットワークを構築していくことも，プロジェクトの大きな柱と位置付けている．ワークショップやイベント，講演会，体験プログラムなどを，大学のカリキュラムの形態に体系化することで，「学びの場」としての六甲山の多様性，懐の深さを理解してもらいやすい形で見せることができ，さらに，体系化による「新しい六甲山の価値」を創り出していく．

　　六甲山大学という形を楽しんでもらえる人なら，誰もが先生になれ，また生徒にもなれるというオープンな「大学」とし，互いに学び合い進化する大学を目指す．先生には山で働く人や住民，六甲山小学校の児童らも想定しているほか，山にまつわる活動をしている民間団体関係者や近隣大学の教員，研究者，行政職員らに幅広く参画を呼び掛ける．

　　テーマは「環境」「健康」「スポーツ」「歴史・文化」「建築」「防災」「植生・森づくり」など幅広く，大学のカリキュラムに落とし込むことで，分野別に活動する傾向にある団体の緩やかな連携にもつなげていく．既にいろいろな団体が実施しているプログラムと，新しく開発するプログラムを併せて体系化するカリキュラムづくりが，六甲山大学の骨格となる．（後略）

　このように六甲山大学は「ゆるやかな学びの場づくり」を目指すため，市民に理解（時に勘違いも含め）してもらいやすいよう，大学仕立てにこだわって立ち上げた．実際，発信する際は「日本最高（標高）の大学誕生!?」とか，「入試・卒論なし．留年大歓迎」といったコピーで発信したり，開校式のニュースが流れた際には，神戸大学の学生が「ホンマに六甲山大学できるんやって」という趣旨のツイッターが拡散したり，「どうやったら入学できますか」という中高年からの問い合わせがあるなど，こちらの目論み通りになった．

　そして2012年10月14日，六甲山大学は開校し，記念式典が六甲山上の記念碑台で，関係者ら約180名が参加して執り行われた．

(3)　WEB と紙面による継続的な情報発信

　六甲山大学の発信方法として，公式ホームページ（www.653.com），カラー刷りで毎月1万部発行のチラシ「六甲山大学つうしん」，そして神戸新聞紙面「青

図7-1　六甲山大学公式ホームページ

空主義」への毎月1回の掲載が主なものである.

　公式ホームページはイラストを多用し，マスコットキャラクターも配置するなどしてやわらかい雰囲気とした．トップページには直近に開催される授業（イベント）が配置されている他，学部（テーマ）ごとの一覧や，過去のイベント一覧も閲覧できる.

　六甲山大学つうしんは,三宮の観光案内所や主要な駅構内で配布している他,山上の施設でも配布しており，多様な都市近郊林の楽しみ方を発信している.

　これらの情報の収集は，発信したい個人や団体が神戸新聞の事務局に直接メール等で連絡してもらって行う他，山上施設・団体では毎月1回情報交換を目的とした会議を行っており，内容の確認も併せて行っている.

　六甲山大学の「授業」に当たるイベント数は，当初年間200件程度を想定していたが，スタートから1年間で約640件となり，当初の予想をはるかに上回った．イベントの実施主体も，山上施設・団体にとどまらず，行政・NPO・個人など幅広く，約40を超えている.

　こうした情報のとりまとめと発信が，六甲山大学の主要な役割だが，一方でこれらの作業に要する一定のコスト（労力）がかかっている．現状では事務局は神戸新聞社内に置かれ，チラシ製作の一部のコスト以外の大半を同社が負担している.

3　山ほどあります，六甲山大学の取り組み

(1)　六甲山だけに，六つの学部で行われる多彩なプログラム

　大学仕立てにこだわること，そして面白く（ダジャレ大歓迎）やること，をモットーにしていたため，学部も六つがいい，と最初から数ありきで進めた．ハイキングやスポーツを束ねる「健康学部」，アートやクラフトの「芸術学部」，アウトドアクッキングやグルメの「食文化学部」，山上の歴史や文化を学ぶ「文学部」，そして森づくりや清掃活動などは「環境学部」と，五つまではすんなり決まった．ただ,困ったことにあと一つがなかなか決まらない．悩んだ末に，これら五つに当てはまらないプログラムは「総合学部」にしよう，という何ともやっつけ感いっぱいだったが，何とか六学部が決まった.

(2) 仕事帰りに夜景と共に六甲山の素敵な話を

　週末中心に，六甲山上で開催している六甲山大学の授業．「気にはなっているけど，ちょっと山上までは……」という，潜在的なファンの掘り起しと，リピーター交流の場を創ろうと，平日の夜（19：00-20：30），三宮駅近接のビル18階「ミントテラス」で開催しはじめたのが「ミントサロン」である．これは六甲山大学では数少ない，事務局主催の事業である．第1回は2012年10月25日に，フリーライターの根岸真理さんを迎えて六甲山の楽しみ方をお話しいただいた．

　ミントサロンはゲストの話を聴き，その後ワインとチーズをつまみながら，ざっくばらんに参加者同士がおしゃべりするというシンプルな企画で，原則隔月の第4木曜日の夜に開催している．これまでのゲストは，山岳ガイド，昆虫研究者，山上施設関係者など様々．六甲山へ興味関心を持ってもらう気軽な一歩として，またリピーターの集う場として定着している．

(3) 開校1周年記念　六甲山大学文化祭2013

　開校1周年を記念し，ミントサロンでは紹介しきれない，山上で行われている様々なプログラムを一堂に会する場が山麓で創れないか．という発想から，六甲山大学の様々な授業を，本物の大学を借りて一斉に「文化祭」としてやってしまおう，というこれまたユニークな企画を2013年10月6日に実施した．

　舞台は六甲山の麓，神戸海星女子学院大学．同大学の全面的な協力の下，各

写真7-1　座禅瞑想体験の様子

階の教室では座禅瞑想体験など様々なワークショップや講演会が，中庭では巨大鍋で名物「摩耶鍋」の提供や，摩耶山のゆるキャラ「しゅげんくん」も登場．親子や中高年層だけでなく，学生や若者も立ち寄り，六甲山での新たな取り組みをアピールするきっかけとなった．

4　協働によるつながりの場づくりのポイント
『この指とまれ方式』──誰もが先生，みんなが生徒──

(1)　協働＝同じ目標に向かって補完しあいつつ，新たな渦をつくる

六甲山大学の最大の特徴は，地元メディア（神戸新聞）と山上コーディネート団体（ホールアース自然学校）中心となって立ち上げたということに尽きる．六甲山の活用しきれていない都市近郊林としての魅力を多くの市民に知ってもらいたい，という目標に向かって，互いの強みを活かし，足りない部分を補完しあう．こうすることで，新たな賛同者や協力者が現れ，小さな渦が少しずつ大きなうねりに変わっていった．

(2)　情報交換の場づくりと運営

六甲山大学の立ち上げとほぼ時を同じくして，神戸市が「六甲・摩耶活性化コンソーシアム」を設置し，民間事業者による山上活性化の事業を積極的に支援し始めた．六甲山大学もこのコンソーシアムに参加し，情報交換や交流を深める中で，様々な事業者との新たなイベントやつながりが生まれた．

神戸市はまた，建設局が主体となって2012年4月に「六甲山森林整備戦略」を策定し，100年の計で六甲山の整備と生物多様性保全，活用し，楽しむ仕組みづくりに取り組み始めた（第5章参照）．

こうした行政の動きの後押しもあり，これまでなかった事業やイベントが六甲山上で行われるようになってきた．山上に限定された小型電気自動車のレンタル事業，山上への登山マラソンなど，六甲山大学の授業（イベント）の幅もどんどん広がっている．

このような情報交換の場づくりとその運営は，行政側の役割として重要だと考える．ここでのポイントは，場の形式にかかわらず，出入り自由な雰囲気で運営することで，新たなメンバーの参加や，思いがけない発想が生まれやすくなる，という点にある．

（3）　あらゆるコトは人と人のつながりから生まれる

　2012年10月に開校した六甲山大学だが，2014年大きな転機を迎えた．立ち上げの中心となっていた，ホールアース自然学校神戸六甲分校が閉校となり，神戸から撤退することとなった．当時，神戸六甲分校の責任者で，かつ，六甲山大学実行委員長も務めていた私にとって，この閉校と神戸からの撤退は本当に厳しい決断だった．

　多くの方に支えられて立ち上げた六甲山大学が果たしつつある，六甲山の情報発信のプラットフォームを何とか継続するため，関係者の皆さんのご尽力とご厚意により，兵庫県立大学の服部保名誉教授（本書第3章執筆者）に新たに実行委員長に就任いただき，運営体制の刷新を図った．また，チラシ製作費などの運営資金は山上団体を中心に拠出する仕組みを作り，継続できる体制を模索している．

　六甲山大学に限らず，コトが起こる時は少数の熱意と想いが詰まった「小さな渦」から始まり，やがて大きな渦になっていく．その過程で創設者が抜けたとしても，「想い」だけでなく「仕組み」として出来上がっていれば，渦は止まらない．想いに変わって渦を回すエンジンはビジネスモデルや社会制度であったりするが，六甲山大学もまさに今，仕組みとして社会に根付こうと模索を続けている．

　しかしながら，仕組みはあくまで場の一つに過ぎない．大切なのはそこで活動する人である．六甲山大学の立ち上げをふりかえる時，それぞれの立場で六甲山への想いを熱く語っていた一人一人の顔が浮かんでくる．結局，市民協働による人と人，人と森をつなぐ仕組みができるとすれば，それは極めて属人的な，すなわち個々の山への想いがどれほどあるか，ということなのだろう．

　六甲山大学実行委員会委員長（当時）として，六甲山大学のこれからについてインタビューで私は以下のように答えた．

　「六甲山大学をどんどん使ってほしい．参加している人が今度は自分たちでこんなことをやろうと，それぞれが『この指とまれ』と，どんどん挙げてもらいたい.」

　港町としてヨソものや新しいものを受け入れてきた神戸らしく，ゆるく出入り自由な学びの場が，これからも六甲山上に数多くあり続けることを願ってやまない．

第8章

都市における学校林利用の実態と課題
——神戸市5校の事例から——

は じ め に

　本章の題にある「学校林とは？」と疑問を持たれる方は多いことであろう．神戸市にも学校林道^{がっこうりんみち}という散策道があるが，学校林を具体的に知っている人は少ないと思う．その歴史的起源が明治期にあり，そこにバードジー・グラント・ノースロップという一人の米国人が大きな役割を果たしたことを知る人はさらに少数だろう［三俣 2015］．そのような歴史性はもとより，今日ほど森林が人々の暮らしから遠い存在になっている時代にあっては，それは当然ことともいえよう．

　しかし，後述する通り，現在の学校林の利活用は低調に留まっているとはいえ，全国には2677校（3440カ所）の学校林が存在しており，さらに新たにその設置を行う学校もある［国土緑化推進機構 2011］．本章では，このような歴史を通じ現代を生きる学校林を紹介する．なかでも，背後に連なる六甲山系と隣り合わせにあったり，あるいは，まるで懐に抱かれるように存在したりしている神戸市内の学校林に焦点を当てる．2011年度現在，神戸市内で学校林を展開している学校はわずかに5校しかない．それら5校の学校林には共通する点も多いが，その利用や管理などにおいては，実に多様である．

　神戸市内のわずか5校の学校の森に焦点を据えることで，全国の他地域に存在する「都市近郊林の教育的利用の道」を考えるにあたり有益な示唆を得たい．それが本章の狙いである．本章はではまず，兵庫県とりわけ神戸市の学校林について，統計データからその特徴を俯瞰したうえで，神戸市下にある学校林（5校・5カ所）の特徴，意義，そして課題を考えてみたい．

1 統計資料から読み取る兵庫県と神戸市の学校林

(1) 学校林に関する統計データに関する背景

　全国の学校林の実態把握に関しては，社団法人国土緑化推進機構（以下，国緑推）が，1974（昭和49）年から5年に1度，アンケート調査を行い『学校林現況調査報告書』をまとめている．直近の報告書は平成25年（平成23年調査：以下で同調査を「国緑推H23調査」と略記）に刊行されている．この同調査において，国緑推と全国の市町村下の学校の間に立って，アンケートの依頼と回収を行っているのは，各都道府県の公益社団法人緑化推進協会である．本章では，兵庫県緑化推進協会から得た兵庫県下の各学校林保有校の回答（個票）に基づき，神戸市の5校の学校林の特徴を見ていく．

(2) データから見る兵庫県および神戸市の学校林の特徴

1) 学校林保有校数と面積および設置年

　全国には，2013年度現在，2677校に3440カ所の学校林が存在し，その総面積は1万7777haに及ぶ．兵庫県の学校林は，その保有校が29校（41カ所），面積は209.48haである．このうち神戸市の学校林は，5校（5カ所），30.44haである．保有校数・保有面積ともに，兵庫県は全国平均を下回っていることが一つの傾向として読み取れる（表8-1）．学校林の設置年[1]については，全国では「1950年～1959年」，「1960年～1969年」，「1940年～1949年」が上位3位を占めるに対し，兵庫県は一位と二位は同じだが三位に「1900年～1909年」が入っている．こ

表8-1　学校林保有校数および面積

	計		小学校		中学校		高校		その他	
	校数	面積	校数	面積	校数	面積	校数	面積	団体数	面積
全国	2677	17777	1624	6052	645	3613	385	7987	23	131.8
全国平均	57.0	378.2	34.6	128.8	13.7	76.9	8.2	169.9	0.5	2.8
兵庫県	29	209.48	22	72.71	4	28.44	3	108.33	0	0
神戸市	6	30.44	4	29.44	2	1	0	0	0	0

（備考）兵庫県の面積データは県の緑化推進協会の一次データを使用.
（出所）国緑推および兵庫県国土緑化推進協会に基づき筆者作成.

れは「学校林の所有形態」において，兵庫県における入会的所有形態の多さとも関連している可能性がある．

2)　学校と学校林の所在地間の距離

　国緑推H23調査では，学校と学校林の距離についての回答項目を「学校敷地内」「隣接地」「1km未満」「それ以上」（以下．「1km以上」²⁾と明記）としている．全国3440カ所の学校林において「1km以上」(2539カ所)が圧倒的に多いのに対し，「学校敷地内」(313カ所)，「隣接地」(255カ所)は少ない．同様の傾向が兵庫県でも見られ「1km以上」(13カ所)が最も多いが，それに次いで「1km未満」(9カ所)，「隣接地」(6カ所)，「学校敷地内」(3カ所)となっている³⁾．兵庫県下にある「隣接地」の学校林6カ所のうちの2カ所，「学校敷地内」の3カ所のうちの2カ所は，神戸市内の学校林である．神戸市内の学校林は5校中4校が，学校の隣接地ないし学校敷地内に所在していることが大きな特徴である．

3)　学校林の所有形態

　学校林の所有形態については，全国的には「市町村」が群を抜いて高く，これは兵庫県も同様である．神戸市下の5学校林のうち4校は神戸市有，妙法寺小学校は地域住民から寄贈された学校所有の形態をとる．兵庫県下には国有林内に設置された学校林はない．他方，全国にわずか8カ所しかない「地区の共有林管理団体」のうちの5カ所，22カ所しかない「財産区」のうち3カ所，6カ所しかない「生産森林組合」のうち2カ所を兵庫県下の学校林が占めている．これらは，入会（第5章及び第10章参照）と呼ばれる地域共有の林野を継承する形態である場合が多く，兵庫県下の学校林が元来，地域と密接に結びついていたものと思われる．

4)　学校林の管理主体とその頻度

　全国，兵庫県，神戸市ともに，「教職員」「児童生徒」「保護者」が上位を占めている．神戸市もまた同様である．全国で第8位の「市民団体,NPO法人」が，兵庫県では6位，さらに神戸市では「教職員」「児童生徒」「保護者」と並んで「市民団体，NPO法人」が第1位を占めていることは一つの特徴といえよう．

作業管理頻度ついては，全国では「年に一回」に続き「数年に一回」が多い．これに対し，兵庫県，神戸市はいずれも「年に一回」に続き，「学期・季節ごと」が多く，比較的管理頻度が高いと推察される．

5)　過去一年間の利用状況・利用内容・頻度

学校林利用の有無について国緑推H23調査項目では，「過去一年間の利用状況から判断し」その有無を二者択一で問うており，その結果は全国では「利用有」が全国で32.5％（1118カ所）と低調に留まっている．兵庫県も同様，16カ所（39％）であるが，神戸市の学校林保有校5校（5カ所）のうち4校（4カ所）は「利用有」と回答しており，後述のケーススタディからもその活発さを知ることができる．利用内容では，兵庫県は「林業」「総合」「教科」「特別」「課外」「生徒会」の順で高く，全国と同様の傾向であるが，神戸市の4校は「教科」「総合」に続き「特別」「生徒会」「課外」が高く，「林業」利用が少ない点に特徴がみられる．「年に一回」が多い全国の傾向に対し，兵庫県でも神戸市4校でも「学期・季節ごと」が多く，管理の頻度と同様，利用頻度もまた高い．神戸市4校[4)]は他の兵庫県下では見られない「炭焼き」「ビオトープ」が行われている点，全国で最下位を占める「燃料としての利用」がなされている点に一つの特徴が見いだせる．

6)　利用上の問題及び利用に対する支援

兵庫県全体でみても神戸市5校においても，「教職員の森林に関する知識・指導体制」に続き，「安全管理」「教育時間の確保」となっており，利用面では「教職員の森林に関する知識・指導体制」に問題を感じている傾向がみられる．このような利用上の困難に対し，とりわけ利用のある神戸市4校では，すべて外部支援を何らかの形で受けていることに特徴がある．支援主体においても，全国で森林組合，林業団体，市町村が多いのに対し，兵庫県・神戸市では地縁組織，NPO，個人の割合が多くなっている．

7)　各学校が考える学校林の今後の方針

　学校林の今後の運営方針については「現状維持」が全国，兵庫県ともに最も多い．「拡大」意向を示す学校は全国でわずか25校であり，このうち2校が兵庫県内の学校である．丹波市立新井小学校と後述する神戸市内の学校林保有校の一校である飛松中学校である．両校ともに，その理由として「教育利用の需要増加」を挙げている．「縮小」意向を示す学校林は兵庫県下で13カ所であり，全国では「当初の目標喪失・達成」「管理の負担が重い」を理由に挙げる学校が多い中，兵庫県では「借地，分収契約，利用協定の期限切れ」が最も多いことに特徴がある．

2　Case study　神戸市の五つの学校林の利用と管理実態

　次に筆者自身のフィールド調査や先行研究を踏まえ，さらに学校林利用と管理の実態の解明を進めるとともに，各校の抱える課題について分析を進める．

図8-1　神戸市内の5カ所の学校林の位置

（出所）国土地理院に基づき川添拓也氏作成．

筆者によるフィールド調査は（聞き取り調査及び一部，参与観察），君影小学校（2011年7月21日），北須磨小学校（2014年3月15日），妙法寺小学校（2014年3月17日），藍那小学校（2016年7月11日），飛松中学校（2016年6月25日）である．図8-1はそれぞれの5校の位置関係図を示している．基本情報は章末の付表を参照されたい．

(1)　君影小学校

1)　学校林概要

1974（昭和49）年，周辺の住宅団地の開設にともない新設された．2011（平成23年）年児童数は155名（7学級）である．三宮から同校最寄り駅の神鉄北鈴蘭台駅まで32分，同駅より学校最寄りバス停「七棟前」まで10分で同校にアクセスできる．学校林は敷地隣接なので，待ち合わせを考えても一時間前後である．開校当初から学校林（『君影の森』）が設置されており，果樹園，森の教室，キャンプや飯盒炊爨につかう野外施設がある．また，校内には田畑，運動場脇には炭窯釜まである．

2)　利用実態とそれを支える人・組織

学校林活動を開始したのは1983（昭和58）年からである．2000（平成12）年頃までは理科の教育発表大会が行われるなど学校林活動は大変活況を呈していた．近年，児童数，教職員数が減少するにつれ，学校林活動も減少傾向にあるものの同校ではすべての学年で学校林の教科利用がある．学校行事では，飯盒炊爨場でカレーライスをつくる「校内キャンプ」，近隣の藍那小学校（後述）の児童を招待し飯盒炊爨を通じ交流をしている．これらの行事には保護者有志が参加する．高学年になると炭焼釜で炭を焼き，それを山椒魚の棲息する近隣の川に散布し，木炭の水質浄化機能を学習している．同地域はかつて炭焼きが盛んで，学校林内にも複数の炭焼釜の跡が残っており，郷土教育に資する利用がなされている．

炭焼きと一口に言っても，それには相当な技術が必要となる．その支援を行っているのはNPO法人「ひょうご森の倶楽部」である．当時環境教育に熱心な校長が活動低下を防ぐべく兵庫県の森づくり課に相談し，2004（平成16）年から同倶楽部による小学校林での活動が始まった．同倶楽部は炭焼きに使う木の

伐採，玉切り，炭窯の手入れなどの下準備を始め，教員への事前指導も行っている．

3)　管理実態・それを支える人・組織

学校林をはじめ上述した様々な施設の日常的な管理は教職員と児童とで行っているが，森林管理は施業自体に危険が伴うばかりでなく，まむしやスズメバチなど毒性生物に傷害を受ける危険性があるゆえ，先述したNPO法人「ひょうご森の倶楽部」がほぼ全面的に引き受け，下刈り，植樹，遊具の製作とそのメンテナンスなど多様な活動を毎月実施している．

4)　学校林活動の課題

学校・保護者・地域住民・森林ボランティアはそれぞれに得意分野を活かして分業し，可能な場合には連携・協業している．保護者の学校林活動についての理解の高さ及び協力体制は，無理のない範囲でかつ安全に活動が進められている証左である．高﨑［2014］によれば，教員の多くが学校林活動を肯定的に捉え，今後も引き続き同活動を続けたい意向を持っている一方，「危険が多い」「授業時間数の確保の点から学校林活動に十分時間が取れていない」という課題がアンケート調査から指摘されている．

(2)　北須磨小学校
1)　学校林概要

三宮（阪急・神戸高速：新開地経由）から最寄りの須磨寺駅まで19分であり，同駅より徒歩7分に所在している．2011（平成23年）年現在，児童数は393名（15学級）である．1960（昭和35）年に同校が設立されて以来，「裏山」と呼ばれる学校林が利用されてきた．裏山には飯盒炊爨場，カブトムシの飼育場がある．校舎すぐそばには動植物の飼育施設や花壇なども複数ある．

2)　利用実態とそれを支える人・組織

利用面では，一年を通じ全学年で利用がなされている．教科利用としては，生活，総合，理科，図工，国語で多様な学校林利用を展開している．オリエン

テーリング，昆虫観察，探検，カブトムシの飼育，親子飯盒炊爨など学校行事としての利用も活発である．また，同小学校の卒業生OB・OGが結成した「北須磨自然観察クラブ」[5] は，教職員や保護者と密な連携を図り，学校林活動の推進母体として中核的役割を担っている．同クラブは小学校の「自然観察クラブ」や「探検クラブ」を指導，サポートするなど，年間を通じた取り組みを展開している．

3)　管理実態・それを支える人・組織

　管理面においても，教職員，保護者，北須磨自然観察クラブが積極的にかかわっている．ここで特筆すべきは，日本森林ボランティア協会の技術面での協力である．同協会員の持つ高い技術が，それまで技術面・安全面でかなわなかった「まとまった広葉樹の間伐」を実現した．これにより，同校にとって長らくの念願であった「須磨の海を見下ろせる景観」を得ることができ，児童が入りやすい陽光が十分に届く林内環境を回復した．同ボランティアは，年間3〜4日（一日4〜5時間），学校林の木々の伐採をはじめ，道，階段等の施設の補修作業を行っている．大阪に本部を置く同ボランティア協会が選ばれたのは，保護者で「北須磨自然観察クラブ」にも属するO氏が，同ボランティア協会のメンバーであり，学校・保護者・同協会の橋渡しを行ったことによる．

4)　学校林活動の課題

　学校林活動を続けるうえでの懸念事項が教員・保護者両者に存在している．それは「安全確保の問題」である．「主要教科の時間数の減少」については，同校の場合，保護者はほとんど懸念していないという結果を肖［2015］はアンケート調査によって得ている[6]．他方，教員側の懸念として，「学校林を利用した授業時間の確保が難しい」という点があり，その原因として「教材や情報の不足」が挙がっている［肖 2015］．

(3)　妙法寺小学校

1)　学校林概要

1873（明治6）年に設立された車・妙法寺校が，1947（昭和22）年に神戸市立

妙法寺小学校となった．2011 (平成23年) 年現在，児童数は332名 (13学級) である．「自教園」と呼ばれ親しまれている学校林は，1949 (昭和24) 年に地域住民から寄贈された．[7) 「自教園」には，果樹園，飯盒炊爨場，飼育小屋，動物ランド，水生植物園，緑の教室，昆虫ランド，自然教育学習園と実に多様な施設がある．同小学校北校舎 3 階と自教園とはふれあい橋で繋がれている．同学校までは神戸市営地下鉄三宮駅から妙法寺駅まで16分，同駅から徒歩約 8 分に所在している．

2)　利用実態とそれを支える人・組織

妙法寺小学校では，全ての学年で自教園の教科利用がある．各学年に合わせ年間のカリキュラムが組まれている．また入学時から卒業時まで，自教園内の植物や生物を解説した『自教園ガイドブック』(テキスト) を使っている．3 年生から始まる「総合学習」での利用が多いため，1・2 年生は「生活」の授業で活用されているが，高学年に比べると利用が少ない．国語・算数・理科・社会・図工の 5 教科において幅広く利用されている．教科利用ではとりわけ理科の教員K氏が長らくリーダーシップを発揮してきた．学校行事では，夏季，まちづくり協議会 (地域組織) や保護者が主催し，飯盒炊爨場でバーベキューを楽しんでいる．

3)　管理実態・それを支える人・組織

K教諭と職員 2 名の計 3 名が主となり，ほぼ毎日なんらかの管理作業を行っている．他の教職員もまた，K教諭の指導の下，月に一回整備 (第 3 木曜日) 管理作業に参加することになっている．[8) 教職員の整備に加え，夏休み及び日曜参観の午後の年 2 回，保護者もまた整備活動に参加し草刈り等をする．吉田[2016]のアンケート調査によれば「ほとんどの保護者が自教園を活用した教育の必要性を感じ」ており，アンケートに応じた114名の保護者のうちの51％が学校林管理に協力している．[9) 2015年度の場合，児童もまた 6 年生が掃除の時間に草刈りを行っている．さらに，妙法寺小学校卒業生による管理協力もある．[10) 例えば2014年度は日曜参観の午後に，同校OBがコーチを務める妙法寺小学校野球部員が草刈や木々の整理作業をしている．このように保護者やOB・OGによる協

力関係が構築されている一方，森林ボランティアとの連携・協力関係はない．過去，数回森林ボランティア団体に来てもらったことがあるが，チェーンソーなどを使う間伐などの林業施業を望むボランティア側の意向と下刈り・倒木整理など日常的管理への助力を望む学校側との意向が合わず連携は長続きしなかった［2014年3月聞き取り調査］．

4）　学校林活動の課題

　吉田［2016］のアンケート調査では，教職員・保護者双方ともに「管理・維持」と「資金面」を課題として挙げている．管理維持に関しては，教員，保護者の協力や連携が相当強いと思われるが，多様な施設を多く抱えるだけに，その管理運営の資金確保は大きな課題と思われる．それ以上に，筆者は，長年強いリーダーシップを発揮してきたK教諭の2015年度末の退職が今後の大きな活動変化をもたらす可能性を感じている．教員の確保ないしそれが不可能な場合の代替策の検討が求められるだろう．

（4）　藍那小学校

1）　学校林概要

　1873（明治6）年に藍那小学校は設立された．2011（平成23年）年現在，児童数は18名（3学級）である．藍那小学校は2012（平成24）年，学区外から児童を受け入れることができる「小規模特認校」認定を受けたので，国緑推のH23の学校林調査時と現在の状況は相当異なっている．2016（平成28）年現在，同小学校の児童数は45人であり，学区内の児童は2名で，それ以外の43名は神戸市北区，長田区，兵庫区などから電車で通学している．学校林設置は，1907（明治40）年と古く，設置理由も学校基本財産の形成とある．設置翌年には，スギの苗5000本，1951（昭和26）年には1000本が植樹されている（『学校要覧』）．学校林設置からしばらくの間，学校林保育施業を行っていたと思われるが，現段階（2016年10月）でその事実を知りうる資料等は得られていない．三宮から阪急新開地・神戸高速鈴蘭台を経由し，最寄の藍那駅まで34分，同駅からは徒歩7分に所在する．

2）　利用実態とそれを支える人・組織

　国緑推による 2006（平成18）年調査では，教科利用，総合学習時間での利用，生徒会，児童会等の利用，全校行事での利用，部活動などの課外活動での利用のすべてにおいて「年一回」利用ありと回答があるが，現在，2011（平成23）年調査結果に相違はなく「利用なし」である［2016年 7 月聞き取り調査］．しかし，約 3 年前，2013年頃から教職員が計画的に整備を進め，昨年2015（平成28）年より学校林で耐寒登山を実施している．近年，学校林利用が活発でない理由を尋ねたところ教頭O氏は次の三点を指摘した．（ 1 ）学校と学校林との距離の問題，（ 2 ）安全面確保の問題，（ 3 ）学校田，学校畑を設置しており，現在はそこでの教科利用，課外授業の利用が盛んであり，学校林利用は最小にとどまっている［2016年 7 月聞き取り調査］．

3）　管理実態・それを支える人・組織

　明治期，昭和期にかなりの植林がなされているが，現在のその管理施業はなされていない．先述した児童による耐寒登山の前（11月下旬）に，教職員，保護者（育友会），地域組織（まりの会）が林道の草刈り，登山の際，児童にとって危険になるような枝を払う作業（里山保全活動と称されている）がなされている．保護者の管理施業の出席率は高い［2016年 7 月聞き取り調査］．

4）　学校林活動の課題

　藍那学区の児童 2 名，他学区43名という状態にあって，入学条件[11]もうまく作用しているためか，保護者と地域との協力体制は学校林草刈り以外でも相当程度，構築されているようである．学校林利用は距離と安全の問題が大きいと教員は感じており，今後，本格的な利用を考えることがあるとしても，数の上で圧倒的に多い地区外の保護者にどれほど賛同が得られるか，という問題も浮上する可能性はある．

（5）　飛松中学校

1）　学校林概要

学校林調査の個票には設置年が2007年となっている．同年はNPOとびまつ

森の会が結成された年であり，これが学校林の設置年として誤認され記載されたと思われる．正しくは1947年設置である．本格的利用が始まる2000年以降，あずまや，ビオトープ，ツリーハウス，自動水やり施設，椎茸原木，野外釜戸の整備が始まった．学校までのアクセスは，三宮から最寄りの東須磨駅まで約20分，同駅から徒歩2分に所在している．

2)　利用実態とそれを支える人・組織

　国緑推H23調査の段階では，教科利用，総合学習，特別活動（全校行事など），課外活動において相当な頻度で利用されている．理科の植物観察，美術のスケッチの対象，総合学習の時間を利用した自然観察（Nature school）など，学期・季節ごとに利用されている．2000年に着任したH教諭が当時まだあまり利用が進んでいなかった同学校林に手を入れ始め，同時に学校林活動を支えるNPO法人「とびまつ森の会」を設立し活動は大いに進展した．2010年H教諭の退職後は，教科利用は減少しているが，2016（平成28）年においても，理科での利用がある．また学校行事としての利用は続いている．春夏秋の年3回開催される自然体験木工教室で，同中学校のみならず，板宿小学校，東須磨小学校区の児童・生徒と親子が参加している［2016年6月筆者聞き取り調査］．飛松中学校が窓口となり，近隣小学（小学校3年生）の「自然観察の場」として提供している．また「とびまつ森の会」が窓口となり，子育支援（須磨っ子の森，長田の森）の場としての利用がなされている．

3)　管理実態・それを支える人・組織

　管理施業は，月二回とびまつ森の会によって行われている（『平成28年度総会資料』）．平成28年現在，会員数は37名で，会員は近隣住民，保護者，（いずれも神戸市）に加え，元校長，現校長が含まれる．会員の半数以上が兵庫県立淡路園芸学校の修了生である．園芸学校での研修を通じて森林管理や園芸上に必要となる技術を習得したものが多く，神戸市が認定する森のインストラクターの資格を持つ人もいる．管理施業の内容は，ビオトープの清掃・外来種生物・植物の駆除，学校林内に設置された畑や木製遊具の手入れ，散策道のメンテナンスである．学校林の教育利用の低下にある中，同会の果たす役割は大きい．運営

面で特筆すべきは，学校隣接地の荒れ地を同会が整備し，そこを菜園・畑として利用し，収穫した野菜の売却収益を森の会の運営資金に充てていることである．

4)　学校林活動の課題

　近年，とびまつ森の会自身の高齢化が進み，活動もやや低調傾向のため，管理施業は十数名の参加にとどまっている．飛松中学の学校行事のそうめん流しのイベントも今年度（2016年）中止になった．整備が十分に行き届かない傾向にある中で，2011年に創作した立派な「ツリーハウス」も安全上の理由から撤去された．このように，国緑推H23年の調査時以降，変化が生じている．

ま　と　め

　国緑推H23年調査および神戸市5学校林保有校のフィールド調査から，兵庫県全体も含め神戸市の学校林の利用と管理に主眼を置きつつそれらの実態と課題等を指摘する．

(1)　兵庫県・神戸市の学校林の概要

　兵庫県には現在，兵庫県は29校（41カ所），面積209.48ha，うち神戸市には5校（5カ所），面積30.44haの学校林が存在している．学校林設置目的では全国で最も多い「林業教育」が，神戸市ではゼロであり，他方，「教科利用」「課外活動」で活発に利用されていた．

　学校と学校林の距離について，兵庫県は全国同様「1km以上の学校林」が最も多いものの「1km未満の学校林」が比較的多く，神戸市内5校に至っては5カ所のうち4カ所が「学校敷地内」および「隣接地」という利用や管理上恵まれた環境にあるといえる．所有形態では，地区の共有林管理団体や入会に起源を有する財産区や生産森林組合所有の割合が高い傾向がみられるが，これは神戸市以外の山間地域が多く，今後，これらの学校林に関し，入会研究の視点からもその具体像の把握が重要になると思われる．また兵庫県で分収契約の満期を今後の学校林縮小の理由とする学校林が多い点については，教育面だけでなく，林業政策面からの検討が必要になってくることを示している．

(2)　利 用 実 態

　学校林の利用の有無について「利用あり」が低調にとどまっている点で，全国と兵庫県は差がないものの，神戸市では利用率が高い．とりわけ，神戸市では「教科」，「総合」での利用が多い傾向が顕著に見られた．たしかに同市5校は全盛期に比べその利用実態は低調傾向にあるものの，全学年で教科利用がなされている．教科利用については，理科，生活，総合，図工，国語，美術，算数など多様でかつ，複数教科を組み合わせた利用がなされている．教科利用に加え，北須磨小学校のように課外活動で頻繁に利用されている学校もある．学校行事（特別活動）では，学校キャンプ，飯盒炊爨，学校間交流，耐寒登山，炭焼き実習など実に多様な利用がある．教科利用のある学校は，全般的に多様な利用を行いまた利用頻度も高い傾向がみられる．

　さらに木材伐採およびその利用が，神戸市では顕著に高く全国で最下位の伐採木の燃料利用が，兵庫県・神戸市では高順位を占めている点は特徴的である．これは六甲山系では炭焼きを生業としていた地区が多いことと関係しているのかもしれない．そのような郷土教育の観点から炭焼きを学校林活動に組み入れている場合（君影小学校）やバーベキューや飯盒炊爨に伐採木を使う場合（北須磨小学校，妙法寺小学校）がある．

(3)　利用上の問題点・課題について

　利用上の問題について，兵庫県・神戸市ともに「教職員の森林に関する知識，指導体制」に難を感じている傾向が見られた．指導体制上の問題は，聞き取り調査を行った神戸市5校において解決されるべき焦眉の課題であることが確認できた．例えば，リーダーシップをとってきた教員の引退を機に，学校林利用が低下傾向にある飛松中学校はその一例である．また妙法寺小学校でも長年同校で学校林利用・管理に尽力してきたK教員の退職がもたらす今後の学校林活動の縮小・衰退が懸念される［吉田 2016］．少なくとも，学校林利用の促進・維持を考える上では，リーダーとなる教員の確保はもとより，そのような人物が引き続き確保できる仕組みを本格的に検討することは一考に値するだろう．

　他方，学校林利用における「安全上の問題」と「教育時間の確保」も課題である．学校と学校林との距離の問題がない隣接・敷地内という好条件が整って

いる神戸市下 4 校にあっても，安全上の問題，教育時間の確保が克服されなければ，学校林利用は低下を余儀なくされる．また北須磨小学校のように，保護者，NPO，森林ボランティアの協力連携が充実している学校教員でさえ，「学校林を使った授業時間の確保」が困難と感じており，その原因が「教材や情報の不足」にある点は，改善の余地があると思われる．例えば妙法寺小学校でのテキスト作成などは有用であろうし，またそのような教材開発に向け，神戸市内の学校林保有校の教員間でアイディアを出し合えるような緩やかな連携の場が形成されれば，指導者の抱える特有の悩みや困難の克服に資するかもしれない．

　これら諸問題の改善・克服に向け，全国的には森林組合，林業団体，市町村の支援を受けることが多いが，兵庫県においても神戸市においても，地縁組織，NPOからの支援が大きいことにも特徴がみられた．君影小学校では森林ボランティアが炭焼き技術を，北須磨小学校ではOBで結成したNPOがカブトムシ飼育をはじめとする生き物の知識を提供し，教員・保護者を支援している．ボランティアによる教科利用への支援は，平日ということもありその困難は容易に予測されるが，学校行事での利用促進に向けたこのような「外部からの援助」は今後ますます重要になると思われる．

(4)　管理実態

　学校林管理主体については，特に神戸市では「市民団体，NPO法人」が，「教職員」「児童生徒」「保護者」と並び重要な役割を担っている点に特徴が表れていた．これは都市の学校林の特徴として奥山・永田［2010］が指摘している通りである．学校林までの距離が遠く利用も年一回の耐寒登山のみの藍那小学校を除く 4 校は，いずれも定期的に相当程度の管理施業を実施している．

　妙法寺小学校は日々の管理を行うリーダー的教員のイニシアティブのもと，「教職員」「児童生徒」「保護者」OB・OGが協力して管理体制にあたっており，その内部結束力の強さがうかがえる．同校では過去に試みられた森林ボランティアとの連携は，学校とボランティア側とのニーズや考えの不一致ゆえ現在はない．このことは外部連携を模索する際，学校，保護者，外部主体との間で綿密な事前協議が重要となることを教える事例である．他方，君影小学校，北

須磨小学校, 飛松中学校はいずれも, 学校林管理に森林ボランティアが大きく
尽力している. 君影小学校は校長から相談を受けた神戸市が, 北須磨小学校は
森林ボランティア員でもあるOBの保護者が, 飛松中学校は現役教員が主となっ
てNPOと学校・児童・保護者との関係構築のきっかけをつくっている. どの
主体がイニシアティブをとり, どういう過程を踏むのが望ましいかは一概には
言えないが, 学校・ボランティア双方の事情, 要望を十分に考慮に入れること
が重要となるだろう. その基盤となるのは熱心な指導者・保護者・OBであり,
それらの存在がきわめて重要であることが神戸市の事例から指摘できる.

謝　辞

　本章を執筆するにあたり, 兵庫県緑化推進協会には貴重な資料提供を賜った. また, 君
影小学校, 北須磨小学校, 妙法寺小学校, 藍那小学校, 飛松小学校には, 聞き取り調査に
快く応じて頂いた. 加えて, 妙法寺小学校, 北須磨小学校, 君影小学校においては, 筆者
のゼミナールの学生の論文作成時にも多大なご協力を賜った. NPO法人ひょうご森の倶
楽部, NPO法人日本森林協会, NPO法人とびまつ森の会には, 施業参加を通じ貴重な情
報を頂戴した. 地図の作成には川添拓也さん (兵庫県立大学経済学研究科修士課程1年)
の協力を得た. 各個人, 組織に対し, 厚く御礼申し上げたい. なお, 本研究はGSPS科学
研究費基盤研究 (B)「自然アクセス制の国際比較」(課題番号:16H03009) の研究成果の
一部である. 記して感謝申し上げる.

注

1) 設置年についてのみ, アンケート原票で無回答 (空欄) ないし明らかに誤認とわかる
　 ものは, 修正・加筆した. 第1節第2項以降の項目はすべて,「回答の通り」に集計した.
　 詳しくは第2節および付表1を参照されたい.
2) 1kmを一つの基準とするのは, 徒歩約20分でアクセスできこれにより「往復の移動時
　 間を含めて2時間の授業で利用可能」であるためである [国土緑化推進機構 2011:8].
3) それぞれの合計が31カ所となり, 兵庫県下の学校林41カ所と一致しないが, これは10
　 カ所において「不明」ないし回答欄が空欄であったためである.
4) 藍那小学校は「利用無」と回答しているにもかかわらず, 利用内容や利用頻度につい
　 て回答している矛盾があったので, 同項目では無効回答とした. 後述するように, 国緑
　 推 H23調査時点では, 利用はされていなかったと思われるが, 昨年度 (平成28年度) か
　 らは耐寒登山で利用されている.
5) 同団体の活動は, 学校林活動だけにとどまらず, 北須磨地区全体における生き物調査
　 や自然環境改善の取り組みなどに及んでいる (http://kitajikan.exblog.jp/　2016年12月
　 15日閲覧).

6）教員の授業内容や時間配分上の工夫，保護者の同活動への理解，その双方の賜物だと思われるが，この点についての分析を立ち入って行うことは，本章ではできていない．

7）妙法寺小学校の場合，地元篤志家から自治体を介することなく学校に直接寄付されており，「学校財産」として扱いうる．そのため通常の学校林運営において，学校裁量の幅が大きいことが利点であるという［2014年3月17日聞き取り調査］．

8）出張や児童のスポーツ活動などで参加できない教職員もいるため，毎回の参加人数は教職員全体の3分の1から3分の2程度（9～18名）となっている［吉田 2016］．

9）さらに「OB・OG ではないが，自教園を知って子どもを妙法寺小学校に入れたいと思い，校区に引っ越してきた」という驚くべき回答が自由記述回答欄に寄せられている（第12章参照）．

10）回答者のうち，同校 OB・OG が29名（25%），OB・OG 以外が85名（75%）である．この数字はかなり多いと思われる．

11）入学条件として，① 保護者及び児童・生徒がともに神戸市内に居住していること ② 通学する小規模特認校の教育活動に賛同し，協力すること ③ 保護者の責任と負担において，児童・生徒が原則として公共交通機関を利用し，自力でおおむね1時間以内で通学できること ④ 原則として卒業までの間，通学することが示されている［神戸市website］．

参考文献

奥山洋一郎・永田信［2010］「立地条件による学校林の相違と地域社会の関係」『東京大学農学部演習林報告』123，pp.1-15.

神戸市有野更生農協共同組合［1988］『有野町誌』.

神戸市建設局［2012］『六甲山森林整備戦略』神戸市建設局公園砂防部六甲山整備室.

神戸市産業課［1937］「林地測量調査書」.

国土緑化推進機構［2007］『学校林現況調査報告書（平成18年度調査）』.

国土緑化推進機構［2011］『学校林現況調査報告書（平成23年度調査）』.

肖秀梅［2015］「森林環境教育に不可欠な教員・保護者の協力と意識：神戸市立北須磨小学校林を事例として」（兵庫県立大学経済学研究科修士論文）.

高﨑裕加子［2014］「学校林活動の意義と課題――神戸市立君影小学校の事例から」（兵庫県立大学経済学部学士論文）.

三俣学［2015］「コモンズとしての森林――学校林の歴史に宿るエコロジー思想」，宇沢弘文・関良基『社会的共通資本としての森』東京大学出版会，pp.135-166.

吉田遥香［2016］「神戸市立妙法寺小学校の学校林利活用・管理実態――保護者・教職員へのアンケート調査に基づいて」（兵庫県立大学経済学部学士論文）.

神戸市 website（http://www.city.kobe.lg.jp/child/school/area/tokuninkou/index.html　2016年7月24日閲覧）.

付表

アンケート原票で無回答（空欄）ないし明らかに誤認とわかるものは修正を施した. その詳細は以下のとおりである.

（1） 学校林の基本データ

学校	学校林面積(ha)	設置年	名称	設置目的	学校との距離	所有者・管理	樹種	今後の方針
妙法寺小学校	19.8	1949年	自然教育学習園	教科教育・環境教育・課外特別活動	校地内	学校有（地域住民からの寄付による）・学校管理	ナラ・カシ・シイ・竹・果樹・コウヨウザン・ユリノキ・ニワウルシ・ムクノキ・エノキ・カキ	現状維持
北須磨小学校	5	1960年	裏山	教科教育・環境教育	校地内	神戸市有・学校管理	ナラ・シイ・カシ・クス・ツツジ・その他	現状維持
藍那小学校	3.5	1906年	藍那小学校山林（まりの山）	学校基本財産・建築燃料資材利用	約1.5km	神戸市有・学校管理	スギ・ヒノキ・アカマツ・クロマツ・竹	現状維持
君影小学校	1.12	1974年	君影の森	教科教育・環境教育・課外特別活動	隣接地	神戸市有・学校管理	スギ・ヒノキ・アカマツ・クロマツ・ナラ・シイ・カシ・サクラ・竹・果樹	現状維持
飛松中学校	1	2007年	とびまつの森	教科教育・環境教育・課外特別活動	校地内	神戸市有・学校管理	スギ・メタセコア・カエデ・モミジ・フウ	拡大（教育利用の需要があるため）

君影小学校の設置年は，1974年学校設立同時である. 他方，北須磨小学校は，平成23年度調査では「1980年（不明）」，平成13年度調査では「1960年」と小学校開設年度が記されている. 聞き取り調査（2014年3月15日）では，学校設立年に学校林が設置されていることが分かったため，1960年に修正している. また，飛松中学校の設置年は2007年と回答しているが，本文で指摘したとおり1947年設置である.

（2） 学校林利用の有無，その詳細

これ以降の項目については，国緑推H23調査時点で，個票に誤記等があるかを知り得ない. すべて個票の通り表を作成した. ただし，藍那小学校について矛盾する回答がある.「利用無し」と回答しているにもかかわらず，利用形態，利用内容が記載がある点は注意を要する.

学校名	利用の有無	無の理由	利用形態および頻度	利用内容	木材の利用有無	木材利用の内容	直近の伐採年
妙法寺小学校	有	―	教科・学期，季節ごと 総合・学期，季節ごと 生徒会・学期，季節ごと その他・年に一回	植物観察 動物観察 植物採取 動物採取 工作	有	図工，美術，技術の素材 燃料としての利用	2012
北須磨小学校	有	―	教科・毎月 総合・毎月 特別・学期，季節ごと 課外・学期，季節ごと	植物観察 植物採取 動物採取 散策 探検	有	燃料としての利用	2012
藍那小学校	無	教育時間が確保できない	林業・年に1回 教科・年に1回 総合・年に1回 生徒会・年に1回 特別・年に1回 課外・年に1回	植林・植樹 植物観察 散策 里山保全	無	―	―
君影小学校	有	―	教科・学期，季節ごと 総合・学期，季節ごと 生徒会・年に一回 特別・学期，季節ごと	植林・植樹 下刈り・枝打ち 植物観察 炭焼き キャンプ	有	図工，美術，技術の素材 燃料としての利用	2011
飛松中学校	有	―	教科・学期，季節ごと 総合，年に一回 特別，学期，季節ごと 課外，ほぼ毎日 その他，ほぼ毎日	植林・植樹 植物観察 植物採取 散策 ビオトープ	有	図工，美術，技術の素材	2012

　同様に第2節で指摘したとおり，2016年7月現在，藍那小学校は特別活動（耐寒登山）利用がある．

（3）　学校林利用上の問題点

学校名	利用上の問題点	行政，各種団体の利用支援の有無	【支援主体連携先】☆支援内容
妙法寺小学校	教職員の森林に関する知識，指導体制 教育時間の確保　安全管理	有	【財産区，地区共有林管理組織，地縁組織】 ☆学校林の環境整備，管理施業の実施
北須磨小学校	教職員の森林に関する知識，指導体制 安全管理 伐採，下刈り等の技術，道具の不備	有	【森林組合・林業団体】 ☆学校林の環境整備，管理施業の実施 【市民団体・NPO】 ☆学校林の環境整備，管理施業の実施
藍那小学校	教育時間の確保 安全管理 伐採，下刈り等の技術，道具の不備	有	【財産区，地区共有林管理組織，地縁組織】 ☆学校林の環境整備，管理施業の実施
君影小学校	教職員の森林に関する知識，指導体制 教育時間の確保 安全管理	有	【市民団体・NPO】 ☆学校林の環境整備，管理施業の実施
飛松中学校	教育時間の確保 安全管理	有	【市民団体・NPO】 ☆学校林の環境整備，管理施業の実施

（4）　学校林の管理の有無および主体と頻度

小学校	管理の有無	管理主体	頻度
妙法寺小学校	有	教職員	毎週
		児童生徒	学期・季節ごと
		保護者	年1回
北須磨小学校	有	教職員	毎月
		児童生徒	学期・季節ごと
		保護者	学期・季節ごと
		市民・NPO	学期・季節ごと
藍那小学校	有	教職員	年1回
		児童生徒	年1回
		保護者	年1回
君影小学校	有	市民・NPO	毎月
飛松中学校	有	市民・NPO	毎週

第IV部 都市近郊林を活かす経済・法制度および政策的課題

（撮影：川添拓也）

第9章

森林環境保全のための多様な資金調達手段

1 六甲山の緑の多様な価値とその内部化

　神戸市が平成24年にまとめた『六甲山森林整備戦略』では，六甲山が市街地に近接していることや，これまでの防災，植林，レクリエーション利用，日々の暮らしとの関わり等の歴史を踏まえ，六甲山に求められる森林機能として，次の機能をあげている．すなわち，土砂災害防止，水源涵養，二酸化炭素吸収，市街地のヒートアイランドの緩和，生物の生息環境，景観，保健・レクリエーションの場などである（第1章参照）．

　問題は，それらの多様な価値が森林所有者の収入に結びつかないために，森林所有者は，それらの価値を考慮せずに森林の管理を怠り，あるいは伐採して他の土地利用に転用してしまうことである．六甲山約9000haのうち，私有林が3908ha，その他私有地が710ha，合計4618haと私有地が半分を占めている［神戸市 2012：17］．

　緑を所有する主体が，緑の市場化されていない多様な価値を考慮して行動するようになることを，経済学では内部化と言う．内部化の方策として，これまでただ乗りしてきた受益者が，緑の所有者に対して価値にみあう支払いをする方法がある．緑を所有する主体は，支払いを受け取れば，その価値を考慮するようになるはずである．このような支払いを，近年は，生態系サービスに対する支払い（PES：payment for ecosystem services）と呼ぶ．

　支払いは，受益者が直接行う場合や，行政が料金や税を徴収して支払う場合，環境・自然保全を目的としたNPOが寄付金等を原資に支払う場合がある．支払い方法によって，支払いが享受するサービスの量に比例する場合や，サービ

スの量とはまったく関係がない場合もある．受益者が直接支払う方式は，さらに分類すると，自発的に支払う場合と，受益者に規制を課して，支払いを行えばその規制を緩和するという形で制度として支払わせる場合がある．また，森林の健康増進効果など，それまで市場化されていなかった生態系サービスを，規制にもとづかずに，市場化する試みもある．

　極端な方法として，森林の土地そのものを，受益者が買い取って，保全するという方法もある．この場合，森林所有者と森林による受益者が一体となるので，当然内部化が果たされる．

　価値が失われて困るのは受益者であり，緑の所有者に責任を負わせるのが法的に難しい場合が多いので，緑の保全に関するこのような支払いの事例は少なくない．しかし，総じて，今までただ乗りしてきたものにお金を払うようにするのは難しい．

　『六甲山森林整備戦略』は，森林整備費用を確保する仕組みづくりにふれている．本章では，六甲山を念頭におくものの，一般的に応用可能な，多様な価値の内部化方策の参考となる事例を集めた．

2　水 源 保 全

(1)　水道料金に水源保全費用を上乗せして自治体をまたがって負担するケース

［事例1］琵琶湖総合開発下流負担金

　琵琶湖総合開発（1972 ～ 1996年）において，その事業費と地域開発事業費を下流利水団体が負担した．その根拠は，下流のための水資源開発事業によって上流が不利益を被るからということである．琵琶湖総合開発事業費には，下水道事業費が含まれる．上流が出した排水を処理する費用を下流が負担することになった．

［事例2］横浜市による水源地の山林の取得

　横浜市は，水源地である山梨県南都留郡道志村の山林を，大正5（1916）年に山梨県から買収している．管理費用は，水道料金に上乗せしている．

（2）　住民税の超過課税（均等割（と所得割））

［事例3］神奈川県の水源環境保全税

　神奈川県は，2007年から「水源環境を保全・再生するための個人県民税超過課税」を導入した．個人県民税の均等割300円と所得割に対する超過課税0.025%で，税収規模は，年約39億円（5年間で約195億円）である．納税者一人当たりの平均負担額は，年額約890円である．

　第2期かながわ水源環境保全・再生実行5か年計画（2012～2016年度）においては，私有の水源林に対して，下記のこれまでの四つの手法に加え，新たに森林組合等が行う長期受委託により公的管理・支援を行い，私有林の着実な確保を推進する．

① 水源分収林：森林所有者との分収契約により，森林を整備する．
② 水源協定林：森林所有者との協定（借上げなど）により森林整備を行う．
③ 買取り：貴重な森林や水源地域の保全上重要な森林を買い入れ，保全整備する．
④ 協力協約：森林所有者が行う森林整備の経費の一部を助成する．
⑤ 長期受委託：森林所有者と森林組合等が長期受委託契約を締結し，森林組合等が森林整備を行う．

（3）　保全地役権の設定

　保全地役権［新澤 2002］とは，土地の開発に対する恒久的な制約を，土地所有権とは切り離して売買するしくみで，地役権は，土地所有者が代わっても有効である．保全地役権の価格はその土地に対する開発圧力が強いほど高いが，土地所有権そのものより安価なので，安価に保全ができる．

　保全地役権を買い取るのは，保全を目的とした行政機関やNPOである．米国において，土地の環境保全を行う民間のNPOはランドトラスト[1]と呼ばれ，1700以上もある．多くは州レベルかローカルなものであるが，なかにはTNC（The Nature Conservancy）[2]のように，国際的に活動しているものもある．2015年末時点でランドトラストが保全している土地は，全米で2283万ha[3]に及ぶ．図9-1に示すように，ランドトラストは土地を所有することによって保全するよ

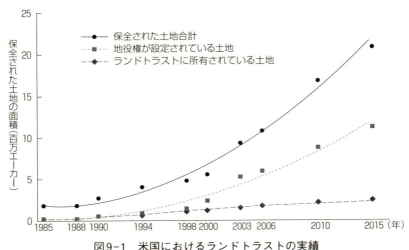

図9-1 米国におけるランドトラストの実績

(出所) Land Trust Alliance, 2016, 2015 National Land Trust Census Report.

り，保全地役権を設定して保全する方がかなり多い［LTA 2016］.

2015年から，保全地役権の自発的寄付について所得控除が拡充された[4].

［事例4］ニューヨーク市の水源地域における農地を対象とした保全地役権[5]

1993年に発足したニューヨーク市水源域農業協議会（WAC）[6]は，農地や森林の所有者とともに，水源域農業プログラム，水源域森林管理計画，保全地役権の三つで，ニューヨーク市の水源であるハドソン川西岸のCatskill-Delaware水源域を保全している.

水源域農業プログラムは，ニューヨーク市による資金支援と引き替えに，水質保全や土地保全に配慮した農業を行うことを要求する．それに参加するかどうかは自由であるが，保全地役権の対象になるのは，水源域農業プログラムに参加した場合だけである.

水源域森林管理計画では，農薬の利用を減らす方法などの技術的な支援を受けられる.

1997年以来，WACによって，975haの土地が保全地役権の対象になっている（WAC）．原資は，ニューヨーク市環境保護部の資金である．WACが地役権

を買い取る．保全地役権が設定された土地に対しては，恒久的な税制上の優遇もある．

　農地に対する保全地役権を，特に農業保全地役権と呼ぶ．農業保全地役権は，農地に対する開発圧力を取り除き，農地として利用しながら保全するのが目的である．同様に，森林に対する保全地役権を林業保全地役権と呼ぶ．WACはこれまで主に農業保全地役権を中心に買ってきたが，今後は林業保全地役権にも取り組む．

3　都市の緑の保全

［事例 5 ］横浜市の横浜みどり税[7]

　横浜市は，市内の緑の保全のための財源調達を目的に，2009年から横浜みどり税を導入した．個人市民税と法人市民税の均等割に 9 ％相当額を上乗せする．個人の場合，年間900円の負担になる．税収は，年間約24億円で，個人が16億円，法人が 8 億円である．

　税収の使途は，横浜みどりアップ計画［横浜市環境創造局 2013］にもとづく．第 1 期（平成21年度から24年度）に続く，総事業費485億円（うちみどり税130億円）の平成26年度から30年度の計画によると，みどり税の税収を多く使う使途として，以下のようなものがある．

　緑地保全制度による指定を 5 年で500ha拡大し，市による買取を108ha想定する．これらに 5 年間で324億円の事業費を予定し，うち36億円がみどり税の税収である．生物多様性・安全性に配慮した森づくりに，37億円（うちみどり税が30億円）．公共施設・公有地でのみどりの創出に，45億円（19億円）．緑や花による魅力・賑わいの創出に，16億円（15億円）．農園の開設などの農とふれあう場づくりに，26億円（11億円）などである．

　図9-2に第 1 期の新規指定面積の推移，図9-3に買取面積の推移を示す．

　横浜市では，緑を確実に担保するための手法である特別緑地保全地区[8]など様々な制度を活用し緑の保全を図ってきたものの，横浜市内の緑の多くは民有地に依存していて，保全する上で維持管理や相続税等の負担が大きく，緑は減少し続けている．そこで，「横浜みどりアップ計画（新規・拡充施策）」では，特

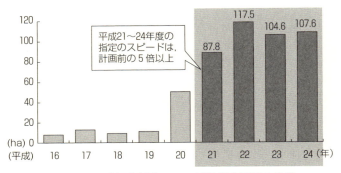

図9-2 緑地保全制度による新規指定面積の推移

（出所）横浜市環境創造局「横浜みどりアップ計画（計画期間：平成26-30年度）概要版，平成26年2月」.

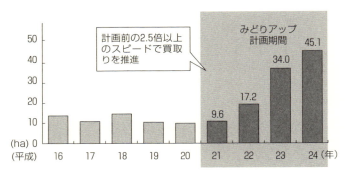

図9-3 緑地保全制度による買取り面積の推移

（出所）図9-2と同じ.

別緑地保全地区などの大幅な拡大や，新たな緑化地域制度による緑化の義務付[9]け等を推進し，緑の保全・創造を図っていく.[10]

　横浜市による横浜みどり税と神奈川県の水源環境保全税の関係について，横浜市税制研究会［2008］によれば，神奈川県の水源環境保全税は，横浜市の緑地保全に対する活用（交付金等）はないので，二重課税にはあたらないと判断したようである.

4　開発権取引による都市近郊の自然保全

　保全地役権では，寄付金や行政資金が地役権買い取りの原資となる．これに対し，開発許可地域と保全地域を区分して，開発許可地域の開発主体に，保全地域の土地所有者に対して発行された開発権を買い取らせる開発権取引という制度もある［新澤 1999］．

　開発権取引においては，郊外の資格のある土地の所有者は，未使用の開発権を売ることができる．開発権を売った土地を「送り手敷地」と呼ぶ．開発権を売ると同時に，その送り手敷地に保全地役権が設定される．保全地役権が設定されると開発は規制され，土地所有者は損失を被るが，開発権を売ることによってその損失を上回る収入（補償）を得る．開発権は，「受け手地区」の開発者によって買われる．受け手地区では，開発権を買うことによって，開発密度の割り増しが認められる．受け手地区は，現在の公共サービスやインフラが追加的な開発に対して余裕のある場所でなければならない．

　開発権の需要は，受け手地区の開発需要と開発規制の相対関係で決まる．開発需要が大きいにもかかわらず開発規制が厳しいと，開発規制を緩和できる開発権に対する需要が大きくなる．当然受け手地区の開発規制そのものを緩和してしまえば，開発者は開発権を買う必要もなく，負担が軽減される．一方で，都市近郊の自然を保全することによって，都市の資産価値も高まる．それが開発権取引を導入する根拠である．

　送り手地区を広く設定し，開発権をたくさん発行すると，開発権の価格が下がり，十分な補償ができなくなる可能性がある．

　開発権取引は，日本でも限定的に行われている．例えば，東京駅の丸の内駅舎を戦前の駅舎に復元したときに，駅舎の未利用容積率を周辺ビルに移転し，その収入で駅舎の改築費用がまかなわれた．東京駅の敷地には，地役権が設定された．この事例は，都市計画法と建築基準法の改正による特例容積率適用区域制度[11]を使った事例である．このように，地域のランドマークの保全のために，開発権取引を利用する例は米国でもある．ランドマーク保全の費用は，その所有者だけが負担するのではなく，地域全体として負担すべきだという考え方が

根底にある.

　2002年に施行された都市再生特別措置法は，都市再生特別地区で容積率などの大幅な規制緩和を可能にした．ただ容積率規制を緩和するのではなく，保全とリンクさせるのが開発権取引の考え方である．都市再生特別措置法の当初の目的は，景気対策であった．この法律は，平成28年に改正施行され，新たに都市のコンパクト化などの目的が加わっている.

［事例6］ 米国ワシントン州キング郡における開発権取引の利用

　ワシントン州キング郡は，シアトル市等とその周辺の農業地域や森林地域を含む郡である．キング郡が開発権取引を開始したのは，1988年のことである．キング郡における開発権取引は，自然保護とそれにともなう土地所有者への補償以外に，都市のコンパクト化，二酸化炭素削減も目的としている．都市のコンパクト化は，放っておいたら郊外に拡散する開発を都心部に集約することによって達成される．二酸化炭素の削減は，郊外の家を都心部に集約し，車の走行距離を減らすことによって達成される［Williams-Derry and Cortes 2011].

　開発許可地域は，ワシントン州の1990年成長管理法（Growth Management Act）によって決まっている．送り手地区は，キング郡が市と交渉して決める．何を保全すべきか，開発圧力がどれだけ強いかが問題となる.

　送り手地区に対して開発権を発行することをアロケーションと呼ぶ．発行する開発権の量は，その土地のゾーニングと面積による．受け手地区において，1単位の開発権に対してどのような追加的開発をどれくらい認めるかは，受け手地区によって異なる．これらは，保全の目標水準や，インセンティブの必要性などについての政策判断で決められている.

　2000年以降，キング郡の開発権取引プログラムによって，2467の潜在的住居が郊外の地区から都市地区に建築場所を変更し，5万7302haの郊外の土地が保全された[12]．送り手地区に設定された保全地役権は郡が所有する．取引の実績はウェブサイトで地図として見ることができる[13].

　キング郡は，シアトルのような都市と農村を含み，開発権取引を行うのには適切な行政単位である．キング郡が行う開発権取引とは別に，シアトル市も，市内にあるランドマーク保全のために開発権取引を実施している．このように,

受益と負担の空間規模に応じて，適切な市場の空間規模が選択されている．

　シアトル市は全米でも住みたい都市の上位にランキングされ，キング郡は人口が増加している．その中で，開発権取引は，ゾーニングによる土地利用規制を円滑に進める役割を担っている．土地利用規制は，無秩序な都市の拡大を防いで効率的な土地利用を可能にする．日本では，全体的に人口が減少しているなかで，都市縮小が進んでいる．米国とは状況が異なるが，都市縮小をうまく管理する必要性がある．

5　二酸化炭素の吸収

　森林などによる二酸化炭素の吸収と固定は，温暖化対策の重要な柱である．京都議定書では，森林が減れば（増えれば），その分二酸化炭素が排出（吸収）されたと見なされた．京都議定書の後継合意であるパリ協定でも基本は変わらない．そこで，各国は排出量との関係で，森林の量をコントロールする必要が生じている．

　吸収量分の二酸化炭素クレジットを森林所有者に発行して，排出量が多い主体に買い取らせれば，それが森林所有者の収入になる．現在日本では，ボランタリなクレジット需要があるのみである［環境省 2015；小林 2015］．だから需要量はきわめて限られている．しかし緑の保全に結びついたクレジットは，買い手が対外的なアピールに使えるため，比較的高値で取引されている．

　兵庫県森林組合は，森林による二酸化炭素吸収をクレジットとして販売することに積極的に取り組んでいる[14]．

　京都議定書の後継合意であるパリ協定の運用ルールはまだ決まっていないが，国際的に決められたかたちで森林保全をしなければ，日本の排出量目標の達成にカウントできない．森林保全にいくらお金を使ったかではなく，結果が求められる．排出権取引は，吸収量の増加という結果に対して排出権を発行するので，パリ協定第5条2項が規定している結果に基づく支払いの一つの方法である．また，二酸化炭素の吸収という観点だけなら，国際的に決められたこと以上のことをする必要はない．

［事例 7 ］ ニュージーランドの温室効果ガス排出権取引

　ニュージーランドは，法にもとづいて温室効果ガスの排出権取引を実施している．排出権取引では，排出権の発行量が目標に応じて段階的に削減され，そのことによって排出権価格が形成される．景気がよいと，排出権に対する需要が増えて，排出権の価格が上がり，景気が悪いと下がる．

　排出権取引は発電所や工場等を対象にしたものが多いが，ニュージーランドの場合，2008年からまず森林を対象に始めた．森林はその成長の過程で二酸化炭素を吸収するから，その分新しい排出権を発行できる．森林の土地所有者は，森林を維持し続ければ，その排出権はいらないのだから，他に売って儲けることができる．森林が二酸化炭素を吸収し固定することは，これまで何の利益にもならなかったが，排出権取引が利益をもたらすのである．排出権取引に森林を組み込むことによって，土地所有者に森林保全の動機を与えることができる．

　1989年以前からある森林については，その土地の所有者に対して，面積当たり一定量の排出権が発行される．土地所有者は，森林を伐採するときに排出権を提出しなければならない．1990年以降に植林された森林については，排出権取引への参加は任意である．排出権取引に参加すると，森林の成長に応じて排出権が発行され，森林を伐採するときに排出権を提出しなければならない．いずれの場合も，排出権は取引可能である．

　これまでの森林保全効果は芳しくない．その原因は，京都議定書にもとづいて発行された国際排出権価格が，国際的な景気低迷によって下落し，それがニュージーランドの排出権取引に流入し，ニュージーランドの排出権価格も下がってしまったからである．しかしニュージーランドは，日本と同じように，京都議定書の第 2 期約束期間（2013～2020年）の排出量目標を約束していないので，国際排出権を使うことができず，そのため，2016年12月 2 日時点で 1 トン約18ニュージーランドドルまで排出権価格が上昇している．排出権取引において，価格を安定化させる必要性は強く認識されていて，様々な方法が考案され，実施もされている［新澤 2015：90］．

6　洪水・土砂災害の緩和

［事例8］　兵庫県の県民緑税

　2006年度より，個人県民税均等割に800円を上乗せし，法人については10%の上乗せを行っている．税収は，個人が約20億円，法人が約4億円，計24億円である．使途は，2013年度の場合，災害に強い森づくりに約20億円，都市緑化に約5億円である．災害に強い森づくりの対象は民有林で，事業を実施するにあたって，所有者と管理協定を結んでいる．これも一種の生態系サービスに対する支払いである．

［事例9］　土地の公有化──六甲山系グリーンベルト整備事業

　国土交通省と兵庫県は，1996年より，六甲山系グリーンベルト整備事業のもとで，土地の公有化を進めている．この事業は，第4章でふれられているように，阪神淡路大震災を契機として提言された．六甲山系グリーンベルト整備事業の目的は，土砂災害の防止，良好な都市環境，風致景観，生態系および種の多様性の保全・育成，都市のスプロール化防止，健全なレクリエーションの場の提供である．

　兵庫県と関係4市（神戸市・西宮市・宝塚市・芦屋市）により，事業対象区域のうち，とくに積極的な取り組みが必要な市街地に面する斜面が，「防砂の施設」および「緑地保全地区」[17]として都市計画決定され，1998年に告示された．

　この事業の特徴は，優先順位の高い土地について，公有化を進めていることである．買収の方針は，六甲山系グリーンベルト整備基本方針［1996］にもとづく．

7　資金源としての健康増進プログラム

(1)　森林の健康増進効果

　本書第2章でふれられているように，森林には，様々な健康増進効果がある［森本・宮崎・平野編 2006; 大井・宮崎・平野編 2009］．それを利用したプログラムも

いろいろある．それらプログラムが市場で動けば，森林所有者の収入になる．

(2)　森林の健康増進効果を利用したプログラム
[事例10] 富士山！カラダの学校¹⁸⁾

　富士宮市森林資源等活用健康推進協議会（事務局　ＮＰＯ法人ホールアース研究所）による「富士山！カラダの学校」が，富士山西麓朝霧高原・田貫湖エリア等で，専門講師による様々な健康増進プログラムを提供している．

　対象は，保養目的の会社社員や労働者福祉協議会などである．

　プログラムのうち，ウォーキングとハイキングは，市道・県道を使って行われる．森林体験は，財産区有林を使い，賃貸借契約にもとづく支払いを行う．農業体験は，収穫量分の支払いを行う．このように，森林所有者や農地所有者に幾分かの支払いが行われている．

[事例11] 山形県上山市の気候性地形療法¹⁹⁾

　温泉地である山形県上山市は，2013年8月に，上山型温泉クアオルト構想を策定し，滞在型の新たな健康保養地を目指す［上山市 2013］．従来，宿泊客がすぐに帰ってしまうことをふまえ，滞在型にしようと考えたのである．

　気候療法とは，日常の生活環境と異なる気候の下で生活し，疾病治療や健康づくりを行う療法で，不眠に効果がある平地気候療法，ぜんそくに有効な高地気候療法などがある．ドイツの気候療法は，勾配のある土地を，治療を目的として医師から処方された運動量で歩く．

　地形療法とは，森や林，傾斜などを歩いて健康増進を図る療法で，心臓・循環器系の機能障害などの治療や予防に効果があると言われている．

　気候療法も地形療法も，ドイツでは健康保険の適用がある［森田・岩井・阿岸 2008］．

　上山市は，蔵王高原坊平（準高地1000m～）と里山（200m～）を利用して，気候性地形療法のウォーキングコースを設定している．それらのコースは，高度差，累積高度差，傾斜度，日射などの熱条件等で，歩行速度ごとの運動負荷が鑑定され，コースの難易度が設定されている．

（3）　六甲山と有馬温泉

　市街地に近い六甲山をレクリエーションの場として活用する人の数は，たいへん多い．有馬温泉には，2015年 4 月に，森林セラピーソサエティが協力施設として認定した温泉施設がある．先行する智頭町森林セラピー推進協議会との連携も始まった．しかし，六甲山を含めたプログラムの開発やコース設定はこれからである．

付　記

　本章は，公益財団法人　神戸都市問題研究所が発行している『都市政策』第162号に掲載された「都市山六甲山の多様な価値を求めて（実践事例を通じて）──「良質な緑」を育てていくための新たな資金づくり」に加筆修正したものである．

謝　辞

　兵庫県立大学経済学部環境経済研究センターは，[20] 平成25年度と26年度に六甲山シンポを開催した．本章作成にあたり，26年度シンポジウムで報告いただいた NPO 法人ホールアース研究所（ホールアース自然学校）理事の大武圭介氏と東京大学富士癒やしの森研究所の齋藤暖生氏に，文献紹介や情報提供をいただきました．

　また，国土交通省近畿地方整備局六甲砂防事務所の宮崎元紀氏には，六甲山グリーンベルト整備事業発足時の資料をご提供いただき，米国ワシントン州キング郡のマイケル・マーフィー氏には，開発権取引についてのヒアリングに応じていただきました．

注

1 ）http://www.landtrustalliance.org/（2017年 2 月 1 日閲覧）
2 ）http://www.nature.org/（2017年 2 月 1 日閲覧）
3 ）5643万エーカー．1 エーカー＝0.404ha で換算．以下同様．
4 ）Land Trust Alliance, Using the conservation, Tax incentive（http://s3.amazonaws.com/landtrustalliance.org/ConservationEasementTaxIncentiveBrochure2016.pdf　2017年 2 月 1 日閲覧）
5 ）http://www.nycwatershed.org/（2017年 2 月 1 日閲覧）
6 ）The Watershed Agricultural Council
7 ）http://www.city.yokohama.lg.jp/zaisei/citytax/shizei/midorizei.html（2017年 2 月 1 日閲覧）
8 ）都市緑化法第12条にもとづき，建築行為など一定の行為の制限などにより，現状凍結的に，一定の要件を満たす緑地を保全する制度．土地利用に制約が化されることになるが，① 固定資産税評価額が最大1/2になり，② 相続税評価額8割減（山林・原野），③

市への買入れ申し出が可能となる.

9) 都市緑地法第34条にもとづき，緑が不足している市街地などにおいて，一定規模以上の建築物の新築や増築を行う場合に，敷地面積の一定割合以上の緑化を義務づける制度.

10) 横浜市の政策については，本書の第12章も参照のこと.

11) 隣接していない建物にも適用できるのが特徴. ただし適用により地区内の容積率にアンバランスが生じるため，それによる問題が生じないように地区全体の道路率や公共交通機関の整備率が極めて高い地区に限定される.

12) King County, Transfer of Development Rights‐Program Overview, Updated: Jan. 7, 2016.（http://www.kingcounty.gov/services/environment/stewardship/sustainable-building/transfer-development-rights.aspx　2017年2月1日閲覧）

13) King County, TDR property map viewer（http://www.kingcounty.gov/services/environment/stewardship/sustainable-building/transfer-development-rights/tdr-map-viewer.aspx　2017年2月1日閲覧）

14) http://www.hyogomori.jp/（2017年2月1日閲覧）　本書の第6章も参照のこと.

15) http://www.mfe.govt.nz/climate-change/reducing-greenhouse-gas-emissions/new-zealand-emissions-trading-scheme/forestry-0（2017年2月1日閲覧）

16) 1990年で区別されているのは，京都議定書が1990年の排出量を基準として排出量目標を設定しているからである.

17) 平成16年の法改正（都市緑地法の制定）により，「緑地保全地区」から「特別緑地保全地区」へ改称されている. 注8）も参照のこと.

18) http://fuji-karada.com/（2017年2月1日閲覧）

19) http://www.city.kaminoyama.yamagata.jp/site/kurort/kikou-top.html（2017年2月1日閲覧）

20) http://www.econ.u-hyogo.ac.jp/about/hieer-j.html（2017年2月1日閲覧）

参考文献

大井玄・宮崎良文・平野秀樹編［2009］『森林医学Ⅱ――環境と人間の健康科学』朝倉書店.

神奈川県［2011］「第2期かながわ水源環境保全・再生実行5か年計画」.

上山市［2013］「上山型温泉クアオルト構想」.

環境省地球環境局地球温暖化対策課市場メカニズム室［2015］『平成26年度版　カーボン・オセットレポート』.

神戸市［2012］『六甲山森林整備戦略』.

小林紀之［2015］『森林環境マネジメント』海青社.

清水雅貴［2009］「森林・水源環境税の政策手段分析――神奈川県の水源環境税を素材に――」諸富徹編著『環境ガバナンス叢書7　環境政策のポリシーミックス』ミネルヴァ書房，pp.245-261.

當谷正幸［2012］「有馬温泉と六甲山」『平成23年度　民・学・産との協働による政策研究

報告書——協働と参画による六甲山を生かした神戸づくり——』都市資源としての
　　六甲山研究会，神戸都市問題研究所.

新澤秀則［1999］「環境保全のための土地利用制御の政策手段」『神戸商科大学研究年報』
　　29，pp.53-63.

新澤秀則［2002］「保全地役権について」『神戸商科大学研究年報』32，pp. 25-34.

新澤秀則［2015］「緩和の政策手段」，新澤秀則・高村ゆかり編『シリーズ環境政策の新地
　　平 2　気候変動政策のダイナミズム』岩波書店，pp.81-102.

森田えみ・岩井吉彌・阿岸祐幸［2008］「ドイツにおける健康関連分野での森林利用に関
　　する研究」『日本生気象学会雑誌』45(4)，pp. 165-172.

森本兼曩・宮崎良文・平野秀樹編［2006］『森林医学』朝倉書店.

横浜市環境創造局［2013］「横浜みどりアップ計画（計画期間：平成26－30年度)」.

横浜市税制研究会［2008］「緑の保全・創造に向けた課税自主権の活用に関する最終報告」.

六甲山系グリーンベルト整備基本方針策定委員会［1996］「六甲山系グリーンベルト——
　　安全で快適なみどりの空間づくり——」.

LTA (Land Trust Alliance)［2016］2015 National Land Trust Census Report.

Manley, B.［2016］Afforestation Responses to Carbon Price Changes and Market
　　Certainties (http://www.mfe.govt.nz/).

WAC (Watershed Agricultural Council)［2014］Annual Report.

Williams-Derry, C. and E. Cortes［2011］Transfer of Development Rights, A Tool for
　　Reducing Climate-warming Emissions, Estimates for King County, Washington,
　　Sightline Institute.

第10章

入会起源の都市近郊林の自治を促す制度の検討
——神戸市下唐櫃林産農業協同組合を事例として——

は じ め に

　六甲山に限らず，都市近郊林は人の営みとの歴史を抜きには語れない．それ
ぞれの時代を生き抜いてきた先人は，洋の東西を問わず，むらを形成し互いに
支えあって暮らしを立ててきた．すでに第5章で入会という語が登場したが，
それは近世村落（現在の字，大字）の村人たちが，森林やため池などをはじめと
する自然を共同で利用したり所有したりする制度のことである．日本各地には，
近世村を単位とする入会が数多く存在し，六甲山においても，相当数の入会起
源の森林やため池などが存在している．

　それらには，現在もなお，むらの実態を残しながら利用や管理が続いている
ものがある．その「実態」を示すものの一つとして，共有林の口開け日の設定，
道具の制限，伐採方法，分配方法，罰則規定など，各地で異なるエコロジーを
反映した「等身大のローカル・ルール」がある．むら人は相互にこのローカル・
ルールを遵守することで，長期間にわたって資源枯渇を回避してきた．そのよ
うなルールを自ら作らなければ，容易に枯渇を招くほど森林は村人にとって重
要で，まさしく「生命線」であった．ところが，戦後，この状況は一変する．
産業構造の変化，生業形態の変化，エネルギー革命の到来により，森林の価値
は劇的に低下した．人々の暮らしにとって森林は必要不可欠なものから不必要
なものになり，この過程で，入会林野をめぐる共同性も衰弱する運命を辿った．

　本章の研究対象である神戸市下唐櫃林産農業協同組合有林もまた入会を継承
する森林である．筆者らは同地に足を運ぶにつれ，先に述べた「実態」の存在
に気付くようになった．同時に，「入会起源の都市近郊林が，どのような仕組

みで，どのように利用・管理されているのだろうか」という問いを持つように
なったのである．

　本章では，同地区を分析の中心に据えながら，同組合に直接・間接的にかか
わる外部主体のかかわりにも焦点を当て，上記の問いに迫るとともに，森林の
持続的な利用と管理を導く仕組み（制度）について考察してみたい．

1 神戸市下唐櫃林産農業協同組合の概要

(1) 神戸市下唐櫃林産農業協同組合の設立までの経緯

　下唐櫃はもともと上唐櫃と合わせて唐櫃村として歴史に名を残している．
1889（明治22）年の町村合併により，唐櫃村，有野村，二郎村が合併し，有野
村が誕生する（第5章参照）．有野村,山田村,有馬町の3か町村がさらに1947（昭
和22）年に,神戸市と合併し神戸市北区（合併当時は兵庫区）有野町唐櫃になった．
その際，上唐櫃・下唐櫃は分離しそれぞれ自治会を設置した．同時に，唐櫃村
時代の村有財産である入会林野を分けあい，下唐櫃村では合併以降もその自治
的管理を可能にすべく下唐櫃農事実行組合を設立した．翌年の1948（昭和23）
年の農事法制定に伴い，下唐櫃農業協同組合となる．さらに1954（昭和29）年
には，組合加入裁判等による定款変更に伴って，神戸市下唐櫃林産農業協同組
合（以下，下唐櫃林産組合）へと変更し，現在に至る．なお，現在の下唐櫃地区
は世帯数130世帯，居住地区面積は約16haである．その中で，下唐櫃林産組合
に所属する世帯は47世帯，所属していない世帯は83世帯であり，両者には36世
帯の乖離がある．前者の47世帯が近世からむらの時代から引き継がれてきた単
位の組合構成メンバーであり，1世帯1名ずつ選出され，計47名で活動してい
る．後者を含めた130世帯から下唐櫃自治会および後述する下唐櫃まちづくり
協議会（以下，まちづくり協議会）が構成されている．原則，1世帯から1人ずつ
参加という決まりがあり，両方とも合計人数は130名である．

(2) 下唐櫃林産組合有林の概要

　下唐櫃の森林はすべて民有林であり，国有林は存在しない．組合有林は，個
人所有林よりも面積的に大きく150haを有する．樹種構成は，スギ・ヒノキの

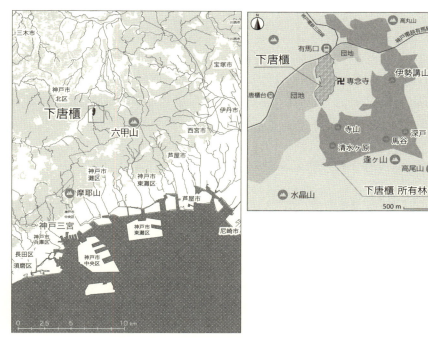

図10-1　下唐櫃地区の概要地図及び詳細地図
（出所）国土地理院及び下唐櫃林産組合提供の資料に基づき筆者作成.

人工林が約45ha（約30%）,広葉樹が約105ha（約70%）となっている［神戸市資料］.
前者については近年植林はなされておらず,人工林施業として必要な下草刈り,
除伐などもおおむね終わっているが,間伐が必要な箇所は少なからず存在する.
他方,伐期を過ぎたスギ・ヒノキが少なからず存在し,材価の問題以前に,林
道がなく搬出できないことが問題の根幹にある.

　農林業主体の生業から,通勤可能な京阪神にサラリーマン化が進み,組合員
の多くが兼業している.また,子ども世代の人口流出が著しく,下唐櫃林産組
合の活動が継承する跡取りがいないために,世帯数には変動はないものの,実
質的には組合員数は減少しているといえる.

　このように,下唐櫃林産組合のほとんどの世帯がサラリーマンとして働きに
でており,組合員の高齢化も進んでいるため,森の維持・管理が低調な状況か
つ困難な状況にある.しかし,近年,局地的な集中豪雨によって都市に甚大な

被害を及ぼす山林崩壊が各地で起きている．かつて下唐櫃では1938（昭和13）年に阪神大水害も経験し大きな被害にあっている（第4章参照）．また後述するように，組合有林を襲う集中豪雨が2014（平成26）年に発生した．森林崩壊や土石流の発生などの災害は，「他山の石」ではなく，対策を講じていく必要が防災的な観点からも高い．その対応策として，次節ではまず公的部門の政策を見ていく．

2 兵庫県と神戸市の森林政策

(1) 下唐櫃林産組合で実施されている兵庫県の森林政策事業

兵庫県では，2006（平成18）年度から「県民緑税」（県民税均等割の超過課税）を導入している．個人は800円，法人は標準税率の均等額割の10％相当額を負担する形をとり，その税収規模は年間約24億円である．森林整備・都市緑化を充実させるべく，この県民緑税の課税期間は2020（平成32）年度まで5年間延長された．県民緑税を原資とする補助金事業は，(1)災害に強い森づくり事業と(2)県民まちなみ緑化事業の二つに大別できる．このうち，(1)災害に強い森づくり事業は，目的別に，① 緊急防災林整備，② 針葉樹林と広葉樹林の混交整備，③ 里山防災林整備，④ 野生動物共生林整備，⑤ 住民参画型森林整備，⑥ 都市山防災林整備に分類されている（兵庫県website）（第5章及び第9章参照）．

(2) 下唐櫃地区における県民緑税による森林整備

上述した県民緑税のうち，下唐櫃地区では，緊急防災林整備事業，里山防災林整備事業，住民参画型整備事業が実施されている．以下では，来年度から実施予定の都市山防災林整備以外の事業についてそれぞれみていく．

(1) 緊急防災林整備事業の事業目的は，流木・土石流災害が発生する恐れのある危険渓流域内の人工林の森林防災機能の強化である．この事業には，① 斜面対策，②渓流対策の2種類がある．下唐櫃では渓流対策が2013（平成25）年から行われている．スギやヒノキの人工林が大半を占める危険渓流域内の森林を対象に，災害緩衝林整備や危険木の除去，簡易流木止施設を設置する事業で，寺山，馬谷の口，馬谷の西において計1.1ha行われた．事業主体及び経費負担

者は兵庫県である．協定等の期間は10年である．写真10-1は緊急防災林として整備された場所である．しかし，渓流対策を実施した馬谷などで多数山崩れが起きており，再び県に事業の申請を打診したが，一度実施した

表10-1　下唐櫃地区における県民緑税による森林整備

開始年	事業名	面積	対象地
2007	里山防災林整備	23ha	清水ヶ原
2013	緊急防災林整備（渓流対策）	1.1ha	寺山 馬谷の口 馬谷の西
2015	住民参画型森林整備 （住民参画型里山防災林整備）	2ha	伊勢講山
2017	都市山防災林整備	21.7ha	水無谷 深戸

（出所）下唐櫃林産組合提供の資料に基づき筆者加工．

箇所での実施は困難であるとの回答を受けている．そこで，下唐櫃では2014（平成26）年に一部，林道整備や倒れた倒木の処理を「お役」で修復作業を実施した．その詳細については第3節で後述する．

　（2）里山林防災林整備の事業目的は，集落に近接する未整備林分を，豪雨，暴風等による倒木や崩壊を誘発しない森林にすることにある．主な整備内容は，危険木除去などの森林整備，簡易防災施設，防災マップの作成があり，集落裏山の山地災害危険地区（山腹危険地区）を事業対象林として実施している．原則，人工林は対象外であり，協定等の期間は10年である．写真10-2は里山防災林として整備された場所である．保安林のような伐採制限はなく，林相の形状を変えない程度の整備であれば問題はない．しかし，組合員は軽微な作業も憚られると思い込んでいたため，その後の作業は停滞している．

　（3）住民参画型森林整備事業の事業目的は，地域住民やボランティア等に

写真10-1　寺山の緊急防災林
（川添拓也撮影：2015年11月14日）

写真10-2　清水ヶ原の里山防災林
（川添拓也撮影：2016年8月1日）

よる自発的な「災害に強い森づくり」整備活動に対し，技術面や資機材費等を支援し，「参画と協働」による「災害に強い森づくり」を進める補助金事業である．この事業には，①住民参画型里山防災林整備，②住民参画型野性動物育成林整備の２種類がある．下唐櫃では住民参画型里山防災林整備事業が2015（平成27）年から行われている．事業主体は主に市町ないし自治会等であり，経費負担者は兵庫県である．この事業に採択されると，事業主体は定額250万円の補助が受けられる．協定等の期間は３年である．取り組みの詳細については第４節で後述する．

(3)　下唐櫃林産組合で実施されている神戸市や関連団体の施策

　神戸市の建設局防災部防災課には「六甲保全係」が設けられている．森林に関する専門的な知識を持つ職員が中心となり地域に入り，住民と問題の共有化作業をすすめ，必要な支援・政策を検討している．専門のチームが六甲山の保全，整備施策，現地調査などを行っている．2016（平成28）年の時点で，自治体の生物多様性保全の取り組み状況を評価する指標群では，神戸市が全国１位に選ばれている［三菱UFJリサーチ website］．

　神戸市六甲山建設局六甲山整備室が中心となり，「100 年後の六甲山を考える」ことを戦略の基盤に置く「六甲山森林整備戦略」が策定されていることはすでに第５章でみた通りである．そこでは，森林の機能別に六甲山の現状と課題が明記されるとともに，それを克服するための短期・中期・長期の計画が示されている．同戦略において一つの主眼となっている私有林の保全・利活用・整備がある．私有林に分類される下唐櫃林産組合有林は同市の森林政策の基調をなす位置を占めるのである．

　また公益法人・神戸市公園緑化協会もまた，六甲山研究に対する助成活動を行ってきた．また，「Kobeもりの木プロジェクト」では，民有林の整備から出てくる材を六甲山材として活用するべく老若男女を問わず，ワークショップやイベントを開催している．例えば，六甲山材で，まな板，スプーン，アクセサリー，簡単な楽器の作成などを行っている．

　他方，下唐櫃地区と関連することとして，コンサルタント会社の派遣がある．神戸すまいまちづくり公社では，住民主体のまちづくりを推進するため，まち

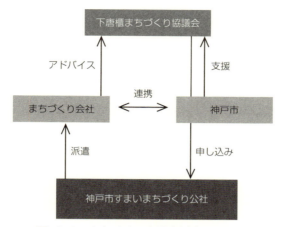

図10-2　まちづくり専門家派遣の仕組み

(出所) 川添拓也・山本敦士 [2016] より転載.

づくりの専門家を登録し，地域の団体やグループからの要請に応じて専門家を派遣して地域のまちづくりを支援している．下唐櫃では，同市の制度を通じ，まちづくり協議会にコンサルタント会社（有限会社地域企画）の派遣の支援を受けている[1]．同コンサルタントは，組合有林の利活用や整備活動を進めるうえで，組合だけではできないイベントの企画，情報収集，発信などを続けてきた．

3　下唐櫃林産組合員による森林の利用と管理の実態

(1)　森林利用と通常のお役による管理

　下唐櫃林産組合有林の材で使って建築された組合会館は，組合の会議・集会・イベント等，折に触れて利用されてきた．また，山林施業に要する基本的な道具である鎌，鉈，鋸，ヘルメットなどは組合の資金を使って47世帯すべてに配布されている．お役の際には，各自に分配された道具持参で山作業にあたる．また，倉庫に保管されている備品もまた，組合によって購入されたものである．その他にも，下唐櫃地区に住む組合員の家族の中で，70歳以上の人から構成されている逢水会に対して，毎月行われる親睦会に必要となるお茶やお菓子も厚生費から支出されている．また年に１度，組合の若い人に対して下唐櫃所有林

表10-2 下唐櫃林産組合の森林管理状況の履歴

年度	除伐		間伐		下草刈り		枝打ち		その他	場所
	お役	森組	お役	森組	お役	森組	お役	森組		
1989 (H元)	○		○							オジカ谷 伊勢講山
1990 (H 2)					○		○			清水ヶ原
1991 (H 3)					○		○	○		清水ヶ原
1992 (H 4)					○		○	○		深谷の口
1993 (H 5)					○		○	○		馬谷の口
1994 (H 6)			○		○			○		杉の谷
1995 (H 7)					○		○	○		傘松の谷
1996 (H 8)			○		○			○		清水ヶ原 馬谷の奥
1997 (H 9)			○		○			○		清水ヶ原 馬谷の西
1998 (H10)					○		○	○		清水ヶ原
1999 (H11)					○		○	○		深谷の口
2000 (H12)					○		○	○		馬谷の口
2001 (H13)		○			○	○	○	○		杉の谷
2002 (H14)					○		○	○		傘松の谷
2003 (H15)		○			○		○	○		清水ヶ原
2004 (H16)					○		○	○		清水ヶ原
2005 (H17)					○		○	○		清水ヶ原
2006 (H18)					○		○	○		馬谷の口
2007 (H19)					○		○	○		深谷の口
2008 (H20)							○	○		傘松の谷
2009 (H21)							○	○		ND
2010 (H22)				○			○			ND
2011 (H23)	○				○					ND
2012 (H24)			○				○			ND
2013 (H25)	○		○		○					ND
2014 (H26)								○	山崩れ倒木処理	馬谷の西 寺山
2015 (H27)		○							山崩れ補修	専念寺

（出所）下唐櫃林産組合提供の資料に基づき筆者加工.

の境界を覚えてもらうために，一緒に山を歩く調査に要する費用も組合から捻出されている．

　下唐櫃林産組合の森林の管理は，11月から12月にかけて下草刈り，除伐，枝打ち作業を各家，年に１日参加するという村のお役を通じて行われている．このお役に出席できない場合には，組合内の他のメンバーに頼むか，あるいは次年度，持ち越しで作業に当たることになっている．通常のお役は，下唐櫃地区の中でさらに四つのグループに分かれて作業する．複数の人が作業すると林地によっては混雑する場合があるため，作業上の危険度が増す．これを回避して，四つのグループで行うのである．

　表10-2は，欠損データ等，収集できる情報には限界があり，すべてを網羅するものでないが，同組合の森林管理状況を時系列に示す資料である．上述した組合員によるお役だけでは管理しきれないので，規模の大きな作業については，養父市森林組合に委託している．表10-2の「森組」は同森林組合を示す．除間伐，枝打ち，間伐作業のいずれも，お役で続けていることが同表から理解できる．また，後述する集中豪雨にともなう山林崩壊復旧作業をこの一昨年度，昨年度に行っていることがわかる．

　このようなお役の実施場所や開催日については，組合林を熟知している30年間山林部長を務める西向忠義氏が森林の状況をみて決めている．災害発生など緊急の場合には，臨時でお役が招集されるが，これもまた山林部長の差配による．

写真10-3　1955（昭和30）年頃の集合写真（下唐櫃林産組合提供）

　かつては，各家のお役は現在よりも多く年に5〜6回行われており，京阪神への交通の利便性が高かったこの地域では，早い時期にサラリーマン化した夫にかわって，その妻たちもまた植林や下草刈りなどに従事していた．そのような時代のお役では，男性は主として危険な力仕事を，女性は焚き物と称する柴草刈など比較的軽微な作業にあたっていた．また，若輩層と熟練層によっても仕事の内容に差があったという．

（2）　災害復旧に果たす「お役」および役員による臨時作業

　2014（平成26）年8月8日から10日にかけて台風第11号による暴風及び豪雨によって，同組合有林の風呂谷から寺山に向かう林道の一部が複数個所で崩壊した．急峻な斜面の林地を流れ下る速度の速い雨水は瞬く間に林道を激しく削り，土砂として下流部に押し流してしまった（写真10-4）．この災害から約一年後の2015（平成27）年10月12日に筆者らが再訪した際には，同地の林道は補修され，通行可能な状態に復旧されていた（写真10-5）．この修復作業もまたお役や山林部長はじめ役員有志による臨時の応急措置によって修復されたものである．

　上記と同じ集中豪雨によって，寺山より，東南の方向にさらにのぼった馬谷でもまた，筆者らの想像を超える崩壊が起こっていた．山の斜面が削られ流され落ちてきた大きな灰色の平たい石片が林地全体を覆い尽くしていたのである．幸いにも，組合の人たちが長年手塩にかけて育ててきたスギの大木群が，大きな石片を含む大量の土砂を一手に防いだのである（写真10-6）．下流部に堰

写真10-4　集中豪雨によって崩落した林道
（三俣学撮影：2014年10月26日）

写真10-5　修復された林道
（川添拓也撮影：2015年10月12日）

写真10-6　土砂を止めた寺山のスギ巨木群
（三俣学撮影：2014年10月26日）

写真10-7　同左
（川添拓也撮影：2014年10月26日）

堤はあるとはいえ，このスギの大木群の防災上の役割を改めて理解しておくことは有益であろう．村にも大きな被害が出ることはなかった．

　他方，この個所とは別に，馬谷にはヒノキの人工林があったが，ヒノキもろとも土砂にのまれていた．雨水の林地の流れ方や林齢が定かではないので，寺山のスギ群落とは単純に比較はできないが，スギにくらべヒノキが浅根性であることが原因の一つであるかもしれない．同地は寺山よりもさらに被害面積が大きく，その程度も深刻であるため，お役や役員による自力の復旧作業には限界がある．

　さらに，上記とおなじ　2014（平成26）年台風第11号による暴風および豪雨によって，下唐櫃地区にある専念寺の墓地裏の傾斜地が崩壊したのを同年8月10日に確認している．この修復作業には，1年以上にわたって地域内で検討が行われた．話し合いの末，下唐櫃林産組合が中心となり，下唐櫃地区に住む檀家の奉仕活動を通じて復旧作業が行われた．2015（平成27）の8月から開始した修復作業が終わったのは，その年の12月であった．撮影時に修復作業に参加

写真10-8　豪雨によって崩落した傾斜地の修復作業の様子
(川添拓也撮影：2015年10月25日)

していたのは60歳以上の組合員有志３名である．こうした修復がすぐに行われるのも普段から森と緊密な暮らしがあるからである．

　以上の事例のように，下唐櫃では村のお役を通じて山崩れの倒木処理や山崩れ箇所の修復作業が行われている．一方で，被害があまりにも大きい為に，村のお役だけではもはや修復ができない山崩れ箇所も多々存在する．

4　多様な主体のかかわりを目指す森づくりの始動

　先述した通り，兵庫県の県民緑税を原資とした(1)災害に強い森づくり事業の⑤住民参画型森林整備事業が，2015（平成27）年度から「伊勢講山」（面積２ha）において進められている．同事業は，里山林と呼ばれる広葉樹主体の林分を組合のみならず，広く住民，外部の人々との協働を通じて，利活用を進める試みである．事実，様々な主体がかかわり始めており，そのすべては網羅できない．下唐櫃の地域内における山とのかかわり，下唐櫃地区外部として，研究機関と行政の山とのかかわりに絞って以下で見ていく．

（1）　まちづくり協議会，下唐櫃自治会，婦人会，登山会のかかわりの創出

　初年度には整備に必要な斧，電動砥石，ヘルメット，鉈，鋸切，チェーンソー，オイル，防護服，ツルハシそれらを収納する器具庫を設置した．一方，養父市森林組合に委託し整備活動に必要な進入路の整備を行った．組合員の手により

伊勢講山の入り口付近には，標識も設置された．そのように活動の基盤が徐々に整いつつある中，2016（平成28）年度に入り，より広い人々の参画を得るべく「下唐櫃伊勢講山の会」が立ちあがった．まちづくり協議会のコンサルタントとして同地に入っている有限会社地域計画と協力し発行しているチラシには「市民参加による森づくりに参加しませんか！‘伊勢講山の会’会員募集」とあり，さらに同会は「広く会員を募り，森林整備を進めていきたい」と書かれている．組合員だけでなく，以下のような多様な主体のかかわりが少しずつ始まっている．

　伊勢講山の整備作業で出た伐採木を薪ストーブに使いたい古民家カフェを営む地区住民とのやり取りが生まれた．また同年10月1日には，昔お役でも活躍した婦人会もまた伊勢講山に登り見学会が開催され，樹木の名称プレートをつける作業も行われた．12月12日には，前組合長の吉田進氏の所属する神戸ヒヨコ登山会のメンバー72名が，伊勢講山の広場予定地に山積みにされていた伐採木や枝の移動や整理を行っている．また，森林での楽しみをさらに追求すべく，煮炊きのできる手作りロケットストーブの試験的な使用も伊勢講山で行われた．次年度，芦屋こどもエコグリーンキッズの活動の話もあり，今後さらなる広がりが期待できる［以上，森林再生・地域資源活用プロジェクトチーム 2016］．

(2)　大学等研究機関の学びの場としての利用の開始
　神戸大学の黒田慶子教授のゼミによる植生調査や同組合会館での報告会をはじめ，兵庫県立大学の三俣ゼミにおいても，組合員の助力を得ながら活動を展開している．ここでは，後者の活動を簡単に紹介する．
　2014（平成26）年の11月から始まった下唐櫃での実習は今年度で3年目を迎えた．1年目は，枝打ち，間伐作業に加え，組合・婦人会・消防団など直接・間接的に組合の森に関係している地域組織に対し，聞き取り調査を実施した．学生たちは，森を実際歩くことで，様々な樹木や林相の違いがあること，先述したように防災上の役割が大きいこと，森を扱う技術がいかに経験に裏打ちされたものかということを学んだ．聞き取り調査では，現地の人たちから「生きた言葉」を聞き取り，また得られる資料などを組み合わせることで，下唐櫃の森，その管理を行う地域について総合的に理解を深めている．実習後，事後学

図10-3　『KOBE しもからと村　第1巻』より一部抜粋

習を大学で進め，翌2015年には調査報告会を下唐櫃組合会館で行う一方，学生の視点で作成した小冊子『KOBE しもからと村 第1巻』を発行し，下唐櫃林産組合員47世帯の各世帯に1冊ずつ配布するなど実践的活動も展開した.

　今年度（2016年度）は10月29日，2回生ゼミ生が伊勢講山の見学を行い，また，2014年度同様に，地域の諸組織に対して，聞き取り調査を実施した.　加えて，2，3回生のゼミの有志が数回，下唐櫃に訪れるようになった.　樹皮を剥き立ち枯れさせてから切り倒す「皮むき間伐」をモチの木で行った際，スイカのような甘くていい樹皮の香りを好んで嗅いでいた筆者（川添）らを見ていた組合の人は驚いた.　地域の人にとっては価値のないものに，筆者（川添）を含む学生らが，わいわい喜んでいたからである.　このように，ものの見え方に「ウチとソトと

写真10-9　伊勢講山の様子　　　　写真10-10　伊勢講山でのフィールドワーク
(川添拓也撮影：2016年4月10日)　　　　　　(川添拓也撮影：2016年10月29日)

のギャップ」があるということもまた重要な学びとなった．

　以上でみてきたように，伊勢講山をはじめ，兵庫県立大学と下唐櫃地区には活発な交流が始まっている．森林について現地での実習を通じた学習の機会を持てることは座学中心の経済学徒にとっては大変貴重であり，その教育的効果も大きいと思われる．

(3)　神戸市役所職員のかかわり

　今年度（2016年度）より，神戸市もまた下唐櫃地区を対象として，「森林再生・地域資源活性プロジェクトチーム」を立ち上げた．神戸市役所に勤務していれば，部署を問わず同プロジェクトに公募でき，研鑽を積むことができる．上述した2016（平成28）年の伊勢講山の森林見学，および聞き取り調査にプロジェクトを推進する防災課の職員だけでなく，部署の異なる職員数名が参加した．この時にも，川添が先述したような，「組合員と外部者の森林への眼差しの相違」とその先にひろがる可能性の一端を見ることができた．それは次のようなことである．伊勢講山に向かう道中で，山林部長西向忠義氏が林道に自生しているクロモジを伐り，参加者にその香りを楽しませてくれたのだが，参加した職員の女性が参画する「KOBEもりの木プロジェクト」にアロマセラピストがいるということで，その利用可能性を検討してみたいとクロモジを持ち帰ったのである．このような「小さな発見とつながりの連鎖」によって，組合内部では見えにくくなっている山の価値が見出されていく可能性がある．

5　下唐櫃林産組合有林の取り組みの意義と今後の課題

(1)　下唐櫃林産組合の現代的意義

　以上で見てきた通り，同組合はお役をはじめ森林とのかかわりを続けてきた．筆者らが考えるその現代的意義は，安易な外部への全面依存を避け，森とのつながりを絶やさぬことによって，地区民が森の知識や技術を維持し続けているという点にある．とりわけ，六甲山は居住地との隣接性が高く，森林へのアクセスがよい一方，災害と隣り合わせでもある．災害時をふくめ，森林をどう利するかについての「生きた知識や技能」自身が，より広い自治区の福利を高めることにつながっているのである．

(2)　下唐櫃組合有林の抱える課題

　全国的に，人手が入らないことによる森林環境の劣化が，人工林においても，雑木林においてもみられることは広く知られている．同組有林においてもまた，マツ枯れはもとより，ナラ枯れも見られる．組合有林には，樹齢90年の人工林があるが，一部は，間伐が進んでいない林分は成長が遅れている．それらの伐採作業を進めてたところで，搬出する林道が限られていることは困難である．先述した通り，近年の局地的な集中豪雨によって斜面崩壊したままになっている箇所もある．傾斜がきつく足場が悪い場所では倒木の処理さえ困難な状況にある．

　これらを管理していく組合もまた大きな試練に直面している．2014（平成26）年の下唐櫃林産組合員の平均年齢は50.7歳であり，過去19年で約10歳上昇しており，組合員の高齢化が確実に進んでいる．そのような中で，時に危険な作業を伴うお役に対し，家族から不安の声はたえない．また年齢的な問題はなくとも，生業形態が変化しているゆえに，お役への参加が難しいケースが散見される．お役をはじめ組合有林に関する行事の多くが土曜日ないし日曜日に行われる．サービス業に従事している組合員の場合，土日に勤務があり，お役や集会に参加できない状況もある．

6　ローカルな視点からグローバル時代の都市近郊林を考える

　このような状況にあって，他所からの移り住んでくる人（Iターン者）に対して期待をもつものの，長い歴史を持つ組合には，容易に外部者を組合員として受け入れることは難しい．それにはもっともな理由がある．同地の先達が現在とは比較にならないほどの労働投下によって作り上げてきた森林の生む資産にかかわっているからである．昨日越してきた人に森林・財産を分かつべく，組合員になる道を開けなどということは暴論でしかない．とはいえ，全国的に見れば，段階に応じ組合員になってもらうというやり方もある．例えば，お役への参加，町内会の仕事への尽力，定住年数に応じて，三分の一，半分，そして最終的には一人前の組合員として認める，というやり方である．しかし，このやり方は組合加入を希望する人がいる，という前提がなければ成り立つものではない（下唐櫃地区で組合への新規加入願いは過去にない）．また，このやり方でも組合内に抵抗感を持つ人もあるだろう．

　そこで，同組合の財産とはあくまで切り離し利用に特化する前提で，連携の輪を広げていく方向を模索するやり方は，より現実的な路線となる．伊勢講山の試みは，まさにこの方向で舵をきったものと理解できよう．上述したような様々な活動・連携が開花しているが，そのような試みが内部の人たちを刺激し，リーダーシップを発揮する若手後継者を生み出す力になるかもしれない．これはまったくの絵空事ではない．事実，Iターン者の精力的かつ魅力的な活動が郷里を離れた若者を呼び戻す力となっている現象が報告されている［小田切 2014］．

　最後に外部連携が衰弱した際のことも考えておきたい．そのような局面で信頼できるのは，やはり生活空間をともにする地域である．今現在，かりに地域にそこまでの信頼が形成されていなくとも，将来を見越してより強い信頼を置けるような活動や内外の連携を今，意識的に進めておくことが重要であろう．これは，組合内部の後継者，下唐櫃自治会，まちづくり協議会のメンバー，婦人会，子ども会，学校，といったより下唐櫃の森に近い人たちや団体を核にした「私たちの山意識」を再生あるいは創生する試みともいえる．

　このような視点からみるとき，地域の核をつくりだすような行政，NPO，研究機関等の外部主体のかかわりを制度的にデザインしていくことがなにより求められる．筆者らは，地域に学びつつ，そのためのより具体的な制度的要件を検討していきたい．

謝　辞

　本章を執筆するにあたり，神戸市下唐櫃林産農業協同組合には貴重な資料提供を賜った．また，神戸市下唐櫃林産農業協同組合監事吉田進氏，同組合山林部長西向忠義氏，同組合の前組合長芝勝行氏，神戸市建設局防災部防災課六甲保全係長尾添順氏，同じく田村悠旭氏，まちづくり会社地域計画代表安田正氏・川本令子氏には，聞き取り調査に快く応じていただき，貴重なお話を伺うことができた．各個人，組織に対し，厚く御礼申し上げたい．さらに，西向忠義氏には幾度となく下唐櫃の森へ案内頂き，山に関する豊富な知識をご教示いただいた．筆者のうち川添は，学士論文作成時に吉田進氏に多大なご協力を賜った．なお，同論文は筆者のうち川添の学士論文を一部によっている．その共著者である山本敦君にもお礼をいいたい．また，筆者をはじめ2016年３月に卒業生による六甲山研究を進めるに当たり，神戸市公園緑化協会から２年にわたる助成金を受けた．以上の個人・組織に対し深く御礼申しあげる．

注

1）そもそも，まちづくり協議会が発足した主な理由は六甲森林線の拡幅工事と環境保全である．かつて下唐櫃はのどかな農山村であったが，1960年頃から神戸市のベッドタウンとして唐櫃団地といった大規模な宅地造成や六甲トンネルや北神戸線などの道路建設が進み，下唐櫃地区周辺の環境が大きく変化していた．下唐櫃地区は市街化区域内（第１種低層住居専用地域と第１種住居地域が適用）にある農地と宅地が混在する農村型の市街地である．そのため，まちづくり協議会の設定するまちづくり協定によって，市街化区域にありながらも落ち着いた農村的景観や自然環境を残していきたいという住民らの思いがあった．

　そこで，1996（平成８）年に下唐櫃地区の環境保全のために神戸市下唐櫃林産農業協同組合は神戸市北土木事務所，まちづくり推進課の協力を得て下唐櫃まちづくり協議会の準備会を立ち上げた．1996（平成８）年から９年間にわたる下唐櫃地区のまちづくり活動によって，神戸市長とまちづくり協議会は，「神戸市地区計画及びまちづくり協定等に関する条例」に基づき，神戸市では10番目のまちづくり協定となる「下唐櫃地区まちづくり協定」を2004（平成16）年に締結した．

参考文献

小田切徳美［2014］『農山村は消滅しない』岩波書店.

川添拓也・山本敦士［2016］「都市農山村地域における森林利用と管理——神戸市北区下
　　唐櫃地区の事例から——」（兵庫県立大学経済学部学士論文）.
神戸市有野更生農業協同組合［1988］『有野町史』.
神戸市建設局公園砂防部六甲山整備室［2012］『六甲山森林整備戦略「都市山」六甲山と
　　人の暮らしとの新たな関わりづくり』.
下唐櫃まちづくり協議会［2009］『下唐櫃まちづくりニュース15年のあゆみ』.
下唐櫃まちづくり協議会［2016］『下唐櫃まちづくりニュース』57.
下唐櫃まちづくり協議会・神戸市下唐櫃林産農業協同組合・下唐櫃自治会［2011］『下唐
　　櫃の歴史』.
森林再生・地域資源活用プロジェクトチーム[2016]『森林再生プロジェクトニュース』2.
兵庫県治山林道協会［1998］『六甲山災害史』.
林野庁［2012］『平成25年度 森林・林業白書』.

神戸市 website（http://www.city.kobe.lg.jp/life/town/flower/rokkou/senryaku/index.html
　　2016年12月16日閲覧）
神戸もりの木プロジェクト（http://www.kobe-park.or.jp/rokkosan/project　2016年12月
　　16日閲覧）
産経ニュース（http://www.sankei.com/region/news/161206/rgn1612060046-n1.html　2016
　　年12月16日閲覧）
兵庫県website（https://web.pref.hyogo.lg.jp/nk21/af15_000000073.html　2016年12月16日
　　閲覧）
私の森.jp（http://watashinomori.jp/gotoact/job_vlt_04.html　2016年12月19日閲覧）

第11章

森林法制の「環境法化」に関する一考察
──多面的利用から地域の環境公益確立へ──

は じ め に

　2008（平成20）年の生物多様性基本法（法律第58号）の制定に準備・対応するかのように，90年代後半から「開発法の環境配慮化」傾向，および「自然保護法の更なる環境配慮化」傾向の法改正が進んできた．具体例としては，前者は，1997（平成9）年の河川法（1964（昭和39）年法律第167号）改正によって，樹林帯が河川管理施設として特定（河川法3条2項）され，森林のダム代替機能（緑のダム論）が正面からとりあげられたことである．後者は，1999（平成11）年の鳥獣の保護及び狩猟の適正化に関する法律（以下「鳥獣保護法」という．2002（平成14）年法律第88号）の改正時に，特定管理制度（7条）が創設され，原則として，捕獲許可や猟区設定の認可は都道府県知事の自治事務となったこと等である．これらの現象は，前者は及川敬貴により「（開発法の）環境法化」［及川 2010：60-66］および北村喜宣により「実質的グリーン化」［北村 2015：24］と，そして後者は及川によれば「（自然保護法の）進化」［及川 2010：50-53］と，それぞれ整理された[1]．本章では，それらをまとめて「環境法化」と表現し，特に「（自然保護法の）進化」について述べる場合には「進化」と記述することとする．

　こうした90年代後半の動向は，大塚直によれば，「省庁間の連携，多様な主体の連携の強化」および「生物多様性基本法の考え方を個別法に具体化し，開発法制を生物多様性法制に向けて改変していくこと」が展開されていると指摘されている［大塚 2016：319］．これを参考にして，本章における環境法化の内容をより明確にするために，少々荒削りではあるが，環境法化の段階を措定しておきたい．第1段階は，法に環境の整備・保全や生物多様性保全を目的とす

る規定または生物多様性や生態系保全に係る文言等が加えられること，これら
の規定等が新法として生まれ変わること，またはこれらの規定等を有する新法
が制定されることである．第2段階は，こうした環境配慮化した規定等の実施
を担保するための環境要件等が，当該環境個別法の中に規定され，環境配慮化
した規定等の実施の実効性に関する議論が裁判の主張の中で活用されているこ
とである．第3段階は，実際にこうした環境要件が行政実務の中で実効性を発
揮し，あわせて判決のなかでも環境配慮化の必要性が積極的に認められてきて
いることである．

　こうした環境法化という現象は，自然保護法の要素も備えた開発法である森
林法制のもとでも生じている．よって，本章では，森林法制がいかなる形で環
境法化しているかを提示し，それらが，判例や行政実務にどのような影響を与
えているのか，より具体的には事業実施の許認可処分等にいかにリンクしてき
ているかという観点で，現時点における環境法化の段階を明示することを目的
とする．なお，森林法（1951（昭和26）年法律第249号．以下明示がなければ同法の条文
を示す）には，保安林制度が規定されており，水源のかん養，土砂の崩壊その
他の災害の防備，生活環境の保全・形成等，特定の公益目的の達成が実践され
ている．これは森林法がそもそも自然保護法としての側面を持っているという
ことであり，この部分には進化の影響が及んでいるのか，及んでいるとすれば
どのように及んでいるのか，あるいは，及んでいないとすればいかに及ぼすべ
きかについても，可能な限り言及する．

　なお，本章は，筆者が2014年3月に公刊したもの［神山 2014：43-63］を，時
間の経過に合わせ，またご意見およびご批評等により再検討をして改稿したも
のであることを申し添えておく．

1　分　析　方　法

　はじめに，第2節第1項にて，法令および関連政策を調査する．あわせて，
環境法化が政策分野に与えたインパクト，および政策分野が環境法化に与えた
インパクトについても整理する．

　そのうえで，第2項の1）において，まず環境法化を促す法的根拠をさぐる．

次に，こうした環境法化は，林道開発という問題において訴訟となる．そこで，第2項の2），3）では，環境法化前から現在までの判例を分析し，環境法化の特徴的なところを提示する．あわせて，4）では，林地開発の許可制度等における環境法化の現状を述べることとする．林道開発および林地開発のいずれにおいても，森林の発揮する環境公益的機能の「法的な管理」における環境法[2]化のインパクトから，その展開の段階を検討することになる．

さらに，第3項では，従前から環境配慮を具現化してきた保安林制度，現在進められつつある進化との整合性，および環境公益的機能というものを構成する各機能間のバランスの問題を踏まえることの重要性とその手法について試論する．

2　分　析　結　果

(1)　森林法制の「環境法化」と「進化」
——第1段階から第2段階の端緒まで——

（旧）林業基本法（1964（昭和39）年法律第161号）は，2001（平成13）年に森林・林業基本法（1964（昭和39）年法律第161号）に名称変更の上，改正された．これは，国民の視点に立った森林の多様な機能の確保のための施策を位置付けたものであると説明されている．2条1項の環境公益的機能の発揮の条文には，「自然環境の保全」や「地球温暖化の防止」が，「国土の保全」「水源のかん養」「公衆の保健」「林産物の供給」等に並んで森林の有する「多面的機能」（本章では，「環境公益的機能」と記述する）として明記された［森林・林業基本政策研究会 2002：15］．[3]これが環境法化の第1段階といえるものである．

この森林・林業基本法における「多面的機能」（環境公益的機能）の発揮は，森林法のなかで，主に①「森林計画制度」と②「保安林制度」として展開されている．おりしも，「地球温暖化対策推進大綱」（2002（平成14）年3月）において，森林吸収源等が重点施策とされた．これをうけて，2003（平成15）年の森林法第10次改正では，①について，全国森林計画等の計画事項に，従来の森林の整備に関する事項に加え，「保全」が明確に位置付けられた（4条2項1号）．続いて，2004（平成16）年の森林法第11次改正では，①について，要間伐森林制度の改

善（10条の10および11），施業実施協定制度の拡充（10条の11）がなされた．これらは環境法化の第2段階に位置するものといえるが，その実効性の有無の判断にはさらに検討を要するといえる．②については，特定保安林制度の恒久化（39条の3），および要整備森林に係る施業制度の改善（39条の5，6，および7）が図られており，これも進化の第2段階の端緒といえる．

　なかでも「地球温暖化の防止」の推進は，当時の総理府による国民の意識調査「森林に期待する役割の変化」における順位の上昇［内閣府大臣官房政府広報室2011］や，京都議定書における日本の削減目標（6％のうちの3.9％を森林吸収源機能が担保すること）を背景としながら，林業不振のなかで公的資金を注入して森林整備を進めるための裏付けとして，基本法の改正を必要としたといえる．いわば，政治ないし政策が法律に与えた影響でもある．すなわち，改正された法律が，その法的安定性をもって，ポスト京都議定書においても，今後の持続的な法政策を支える可能性を示しているといえ，法律と政治ないし政策間の，互いへの影響および連携が確認できる．

(2)　行政実務および判例における環境法化のインパクト

1)　環境法化の義務付けの法的根拠

　具体的な開発事業実施で問題となるものに，林道開設事業に関する公金支出や，森林法の林地開発許可制度の環境要件があげられる．こうした事案で，自然環境が破壊されるおそれを理由に開発許可・認可を拒否することが可能であるとすれば，それを正当化するための根拠として，①　環境基本法（1993（平成5）年法律第91号）19条，②　地方自治法（1947（昭和22）年法律第67号）の自治解釈権とそれに基づく運用条例，③　森林・林業基本法や森林法の沿革を踏まえた目的規定の解釈がある．

　以下に順に検討する．まず①環境基本法19条が「環境法化」を義務付けているという大塚［大塚 2010：238］および北村［北村 2009：144］の指摘がある．そもそも環境基本法19条は，「国は，環境に影響を及ぼすと認められる施策を策定し，及び実施するに当たっては，環境の保全について配慮しなければならない」と規定しているからである．北村も，同法19条が第2章5節「国が講ずる環境の保全のための施策等」の箇所に位置づけられており，そこには環境基本計画（15

条）や環境基準（16条）等の政府に対して義務付けする規定が含まれることを示しながら，基本法というだけで単なる理念規定と解するのは適当ではなく，国に対する義務付けを意図したものとする可能性を指摘する［北村 2008（初出 2004）:144］．ただし，条文はその主語を「国」としており，これを「地方公共団体」に義務付けを意図したものとして準用するには，何らかの対処が必要になる．

　②地方自治法の自治解釈権は，いわゆる地方分権一括法（正式名称は地方分権の推進を図るための関係法律の整備等に関する法律，1999（平成11）年法律第87号）により改正された地方自治法の自治立法権・自治行政権に並ぶとされるものである［人見 2010：128-129］．具体の地方自治法としては，以下の条文に基づくと解釈される．順に，法令の立法のあり方に関する原則「地方自治の本旨に基づき，かつ，国と地方公共団体との適切な役割分担を踏まえたものでなければならない」（地方自治法 2 条11項），法令の解釈のあり方に関する原則「地方自治の本旨に基づいて，かつ，国と地方公共団体との適切な役割分担を踏まえて，これを解釈し，及び運用するようにしなければならない」（同法 2 条12項），および自治事務に関する国の配慮の原則「自治事務である場合においては，国は，地方公共団体が地域の特性に応じて当該事務を処理することができるよう特に配慮しなければならない」である．総じて，国の法律の解釈は，いわば自治解釈権に基づいて「地方の実情に即して」[4]，第一義的には自治体の判断でなされると解釈することが可能であるとするものであり[5]，法の規定に則る運用条例も自治解釈権を担う一つのツールになりえると考える[6]．

　③は，森林・林業基本法や森林法の沿革を踏まえた目的規定の解釈によるものである．森林法は1897（明治30）年に成立した［森林・林業基本政策研究会編 2013：2］．当時の森林法には，目的規定らしきものは存在しなかった［髙山 1922：25，287-302］．時代を経て，第二次世界大戦終戦後に森林法の第三次改正がなされ，新法が制定された［森林・林業基本政策研究会編 2013：8-9］．その目的規定が，「この法律は，森林計画，保安林その他の森林に関する基本的事項及び森林所有者の協同組織の制度を定めて，森林の保続培養と森林生産力の増進とを図り，もつて国土の保全と国民経済の発展とに資することを目的とする」であり［林野庁経済課編 1951：88］，現行法までそのまま引き継がれている．

　一方，前述の通り2001年に森林・林業基本法が，（旧）林業基本法（1964年（昭

和39年）制定）を改正する形で制定され，そこには森林を取り巻く現在の情勢と，国民の森林への期待が盛り込まれた．目的規定も，旧法の「この法律は，林業及びそのにない手としての林業従事者が国民経済において果たすべき重要な使命にかんがみ，国民経済の成長発展と社会生活の進歩向上に即応して，林業の発展と林業従事者の地位の向上を図り，あわせて森林資源の確保及び国土の保全のため，林業に関する政策の目標を明らかにし，その目標の達成に資するための基本的な施策を示すことを目的とする（（旧）林業基本法1条）［森林・林業基本政策研究会編 2002：250］」から，「この法律は，森林及び林業に関する施策について，基本理念及びその実現を図るのに基本となる事項を定め，並びに国及び地方公共団体の責務等を明らかにすることにより，森林及び林業に関する施策を総合的かつ計画的に推進し，もつて国民生活の安定向上及び国民経済の健全な発展を図ることを目的とする（森林・林業基本法1条）」に変更されている．すなわち，旧法では，林業および林業者の視点から，「林業の発展および林業従事者の地位の向上」が目的と掲げられていたのに対して，新法では，それらの目的に「森林の多面的機能の持続的発揮」が加わっているのである．さらに，「自然環境の保全」や「地球温暖化の防止」等の，森林施業が適切に行われることによって発揮される環境公益的機能のさらなる充実，とりわけ「地球温暖化の防止」が，国民の森林への期待として高まってきていることから，これも前述の通り同法2条にも明記されるに至っている．

　以上をまとめると，森林法の目的規定そのものの改正はないが，基本法の改正という形で森林法制における環境法化は，目的規定の沿革と解釈においても要請されてきているといえる．ここに環境法化の第1段階が達成されたことが確認できる．ただし，これはあくまでも基本法の改正であり，基本法に規定された法目的が，個別作用法上の行政処分を必ずしも直接規律するとは解することはできず［松本 2014：65］，裁判規範性の有無についても見解が分かれていることは留意せねばならない［松本 2014：65］．

　また，森林法制における環境法化の特徴は，従前の法が環境配慮を行っていなかったところに環境配慮化がなされたという変化ではない．従前の森林法にも保安林制度等の環境配慮（この当時は主に森林保護）の要素は加えられていたのであり，これは，森林法が自然保護法の性質を兼ね備えていたからである．し

かしながら，森林法制が林業生産を中心とする開発法であったということは否めない．よって，「自然環境の保全」や「地球温暖化の防止」等という，森林保護の推進のみではなく森林保全によってこそ発揮されていく多面的機能（環境公益的機能）が注目されることによって，開発法としても自然保護法としてもより一層の環境配慮化を求められるという質的転換を伴うことになった．ここに森林法制の開発法としての環境法化および自然保護法としての進化が確認できる．

2)　判例における環境法化のインパクト・第2段階から第3段階の端緒まで
――特徴①費用分析――

事業実施の許可処分等で問題となるものに，林道開設事業に関する公金支出があげられる．ただし，高度経済成長期や総合保養地域整備法（1987（昭和62）年法律第71号．いわゆるリゾート法）が施行されたいわゆるバブル期のころには，特定森林地域開発林道（いわゆるスーパー林道）および大規模林道の建設をはじめとする森林の大規模な開発が進められたが，現在はそういう状況にはない．

2)および3)では，林道開設事業に関する公金支出に係る判例から，環境法化の第2段階，すなわち環境配慮化した規定または文言等の実施の実効性に関する議論が裁判の主張の中で活用されていること，さらに第3段階の端緒として裁判所が一部を認容したことを指摘しておきたい．ここで確認できるのは次の二つの特徴である．特徴①は，生態系サービスの金銭評価（第1章参照）が，訴訟の審理の場面で提示および議論されるようになったことである．これは，及川が既に指摘するところであり［及川 2012：75-76］，ここでは以下にそれらを詳述する形で敷衍を試みる．

生態系サービスとは，地球上の生態系の恵みのことであり，その保続のためにも生態系サービスとその源泉である生物多様性の金銭価値を正確に測定しようという試みがなされている[7]．林道事業においてこの生態系サービスの金銭評価が用いられた事例としては，以下の二点が確認できる．

一点目は，福島県の原告住民らが，知事である被告が林道開設事業に関して県に公金支出の額相当の損害を与えたとして，県に代わって損害賠償を求め，福島県知事に対して，違法な支出の差止を求めた事案である（福島地判平成14年

5月14日・LEX/DB文献番号28072087）．本件では，財務会計法規上の違法性が争われるのにならんで，専門的・技術的なものとされがちな林業効果指数および費用対効果分析も主張の裏付けとして提示されている．具体的には，被告は，費用対効果分析において「森林の公益的機能確保効果」を用いている．これは林野庁の「森林の公益的機能の評価額について」（2000（平成12）年・水質浄化機能や二酸化炭素吸収源等に対する評価も加え作成したもの）という年間74兆9900億円という算定合計に基づくものである[8]．

　二点目は，いわゆる「えりもの森」訴訟の一つであり[9]，北海道の住民である原告らが北海道と協同組合との間で締結された育林事業請負契約の違法性を訴えて，契約当時の北海道日高支庁長個人に対する損害賠償の請求をした事案である（札幌地判平成23年10月14日・判例集未登載）．事前の監査において，北海道監査委員は，森林の公益的機能の損害は財産上の損害ではないとして，本件監査請求を不受理とした．そこで，原告住民らは，住民訴訟を提起し，「道有林という財産は，……その木材価値，水土保全機能，生活環境保全機能，生態系保全機能，生活環境保全機能，生態系保全機能，文化創造機能といった価値，機能に応じた損害，すなわち森林の完全性が損なわれたことによる損害を受けた」，さらに「北海道は，森林の公益的機能につき金銭的に評価しており，それによると北海道の森林の公益的機能として評価されるのは11兆1300億円であるから，本件の伐採面積に応じた額が損害額として算出される」と主張した．これに対して，被告は，「北海道の森林が持つ公益的機能（水源のかん養，土砂流出の防止，二酸化炭素の吸収等の様々な機能）は，地方公共団体の財産とはいえず，住民監査制度により補填すべき損害として予定されていない」と主張した．地裁判決では「損害はない」との一言で，違法性については判断していない．

　この点につき中間判決（平成19年2月2日）は，原告住民らは，「森林の持つ公益的機能自体が北海道の財産であると主張しているのではなく，違法であるとする本件契約の締結又は履行によって，北海道が，その財産である道有林野の樹木が伐採されたことによって損害を受けたとし，その財産的損害の算出は困難を伴うが，……『北海道における森林の公益的機能の評価額について』における年間評価額合計11兆1300億円のうち伐採面積に応じた割合の損害，または伐採された立木202本の市場価格相当の損害が発生した旨主張しているものと

解することができる」として，原告住民らの主張である北海道の財産への損害
を与える可能性を認め，被告の主張を退けた．

　続く高裁判決（札幌高判平成24年10月25日・判例集未登載）では，違法伐採部分を
損害と認定した［市川 2013：11］．審理では，控訴人および被控訴人（北海道）が
共に認める過剰伐採の327本分の扱いが問題となったところ，被控訴人は，327
本はすべて枯損木，腐朽木，かん木だったから財産的価値が無かったと主張し
た．しかしながら，控訴人らが伐採直後の写真を数多く提出し，生の太い木が
無数に伐採されている事実を突き付けた結果，裁判所も財産的評価を問題にし
たのである．控訴審判決を引用するに「本件請負契約 1 に基づく作業により，
10伐区内の胸高直径 6 センチメートル以上の立木複数本が伐採されたことが認
められるところ，かかる立木については財産的価値があると推定されるもので
あり，その推定を覆すに足りる立証がない限りそれらが無価値であると認める
ことができないが，その推定を覆すに足りる証拠はない」と判示した．さらに
異例ともいえる高裁から地裁への差戻判決が下された．

　以上のように，生態系サービスの金銭評価そのものの算出には困難が伴うも
のの，それ自体は既に住民訴訟の公金支出の違法性を争う主張に用いられるよ
うになってきている．あわせて，裁判所も，公金支出の違法性が確認される場
合には，その金額算定と運用に関しては，一定評価をせねばならなくなってき
ている．そもそも，住民訴訟は，住民との協働によって公益を図るという機能
を有しており，特に地方自治法242条の 2 第 1 項 4 号における違法な公金支出
に対する賠償または返還の義務付け請求が活用されている．また，森林は多様
な生態系サービスを提供するが，それらは樹木の諸作用および樹木の集合体で
ある森林の諸作用に由来するため，すべての森林が多かれ少なかれすべての
サービスを提供している．あるサービスだけを提供していて，他のサービスを
提供していない森林は存在しない．そして，森林の状態が変化すると（例とし
て開発されると），生態系サービスＡが強化される一方で，生態系サービスＢが
劣化するという「トレードオフ」の関係になる場合が少なくない．生態系サー
ビスの金銭評価は，それらのサービスを積算して検討するに有効なツールでも
ある．そのため，生態系サービスの金銭評価は，住民である原告の経済性に関
する主張においても，一定の役割を果たしつつあるといえる．

3)　判例における環境法化のインパクト
──特徴②被告による多面的機能重視の主張──

　特徴②は，管見によれば，近年では，林道開設事業に関する公金支出返還請求事件の「被告」が，「環境法化」をうけて，林道の環境公益的機能を主張する事例が見受けられることである．それらを以下に二点紹介する．

　一点目は，被告である福島県知事が，森林の持つ水資源のかん養，県民のレクリエーションの場としての活用，および山村の生活環境整備等の環境公益的機能の発揮を図るために林道が必要不可欠な施設であると主張する事案（福島地判平成14年5月14日・LEX/DB文献番号28072087）である．ここでは，被告が，林道開設の根拠となる林道開設指数における「森林の公益的機能確保」を大きく評価している点が特徴的である．なお，裁判所も，被告の主張を受け入れ，「本件事業の目的は，① 木材生産機能，② 水資源の確保，流域の保全機能，③ 特用林産物の生産機能を発揮し，④ 県民のレクリエーションの場としての活用，⑤ 山村の生活環境の整備，⑥ 輸送力向上，通行の安全，⑦ 広域的道路網の整備を図ること等にある」と判示した．

　二点目は，被告が，大規模林道によって推進される人工林の間伐に，生物群集の多様性維持等の環境保全的機能や地球温暖化への貢献という効果があると呈示する事案（広島地判平成24年3月21日・判自377号32頁）である．これは，原告住民らが，被告に対して，市が林道事業に関して林業組合に対し交付した補助金は，寄附または補助にあたるところ，公益上の必要性を欠いた違法なものであるとして，損害賠償等を求める住民訴訟である．被告は，人工林における手入れの重要さを唱え，森林の管理ができないことで，表土流出が起こり，河川浚渫工事が必要になる旨主張したが，「これらの表土流出が受益地から生じているという因果関係は認められない」と原告は追究していた．さらに，被告は，「間伐は，健全で形質の良い木が残され，林冠が疎開になることによって成長が盛んになり，直径成長が促進される，抵抗力の強い健全な森林にすることができる．林内に光が入ることにより，……水源のかん養や生物群集の多様性維持など森林の環境保全的機能を高めることができる，間伐材等を化石原資の代わりにエネルギー等として利用することによって地球温暖化に貢献できるといった効果が期待できる」と主張した．裁判所は，大規模林道自体の公益性は

認めたものの，生物群集の多様性維持等の環境保全的機能や地球温暖化への貢献という具体の効果については触れていない[11)]．

　こうした傾向は林道開発問題以外にも見うけられる．例として，公金支出返還請求事件の被告がリゾート事業のために公社から山林を購入する理由として，地球温暖化や山林災害防止機能，水源かん養機能，および保健文化機能等を主張した事案（大阪高判平成21年 2 月13日・LEX/DB文献番号25441116）もある．原告が，森林に対しての何らかの人為的な介入行為についての訴えをしたときに，被告はそれに対して一つの機能について争うのを避けて，森林の多面的機能（環境公益的機能）の発揮を主張したのである．この場合には，原告は，その介入行為がすべての多面的機能（環境公益的機能）を損なっていること，または被告が主張するプラスの機能の発揮以上に総合的に機能を損なっていることを証明せねばならなくなる．しかしながら，それは，ごくまれなケースを除き困難と言わざるを得ない．また，裁判官もどこまで森林に関する科学が理解できているのかにも疑問がある．

　訴訟におけるこうした傾向は，いずれも林道建設や大規模開発の口実に多面的機能（環境公益的機能）を用いているだけともとれるが，それは，多面的機能（環境公益的機能）の発揮の必要性が，市民権を得てきているという理由に基づくであろう［内閣府大臣官房政府広報室 2011］．それを示すために，ここではあえて開発側である被告によって環境公益的機能の発揮が主張されている事例を取り上げたが，もちろんこの種の主張は原告によってもなされるのが自然である．とすれば，今後は，原告・被告の双方が，環境公益的機能の主張をすることが容易に想定され，そうであれば，環境公益的機能の発揮の有無のみでなく，環境公益的機能を構成する各種の機能のなかでも，どの機能を重視していくことが「地域の特性」を生かしていくためにふさわしいのかという，森林の有する機能間での重みづけの問題が生じてくると思われる．そしてその重みづけの決定には，より高次の法的拘束力をもって臨むことが望ましい．つまり，選挙における政策論争の争点にもなっていないにもかかわらず，地域住民が選挙で選んだ地方公共団体の長（いわゆる首長）の判断であるので「住民が地方選挙を通じて判断した」とみなすような決定手法では，住民の利益を守りまたは義務を付加するには十分ではない．これでは，選挙で選ばれた首長の判断の前では，法

規範性が一要素になってしまうからである（那覇地判平成27年 2 月24日・LEX/DB
文献番号25506239）［神山 2016：316］．

　そうしたときに，いずれの主張に正当性や妥当性があるかを判断する一つの
要素として，地方自治体の環境基本条例や，生物多様性地域戦略が挙げられ
る[12]．とはいえ，違法性の判断まで踏み込めるのかについては，若干の懸念もあ
る．というのも，被告である地方自治体側が，自らの施策の不合理さを覆い隠
すような偽装的主張をする場合があれば違法性が認められることもあるであろ
うが，多くの場合は，違法性までは問えず，当・不当の問題に帰結すると思わ
れるからである．

4)　行政実務における環境法化のインパクト
——第 2 段階の端緒・環境要件——

　林道開設事業に並び，事業実施で問題となるものに，林地開発許可制度（10
条の 2 ）の環境要件があげられる．そもそも林地開発許可制度は，1974（昭和
49)年の第 5 次森林法改正時に創設された制度である．保安林以外の森林であっ
ても水源のかん養，災害の防止，環境の保全といった環境公益的機能を有して
おり，そうした森林を一度開発してそれらの機能を破壊した場合には，これを
回復することは非常に困難な場合が多い．よって，地域社会に悪影響を及ぼす
乱開発に歯止めをかけ，森林の有する経済的機能と公益的機能の総合的かつ高
度な発揮に資することをねらいとしたものである．そのため，これらの森林に
おいて開発行為を行うにあたっては，森林の環境公益的機能を損なわないよう
に行うことが必須であり，またそれが開発行為を行う者の権利に内在する当然
の義務であるという主旨に則る制度である［森林・林業基本政策研究会編 2013：84-
85］．

　都道府県知事による許可の基準（同条の 2 第 2 項）は，同項各号のいずれにも
該当しないと認めるときは，これを許可せねばならないと規定している．各号
には，「災害防止の機能からみて，当該開発行為により当該森林の周辺の地域
において土砂の流出又は崩壊その他の災害を発生させるおそれがあること」(同
条の 2 第 2 項 1 号)，災害のなかでも特に水害について1991（平成 3 ）年の法改正
において加えられた「水害の防止の機能からみて，当該開発行為により当該機

能に依存する地域における水害を発生させるおそれがあること」(同条の2第2項1号の2)，「水源のかん養の機能からみて，当該開発行為により当該機能に依存する地域における水の確保に著しい支障を及ぼすおそれがあること」(同条の2第2項2号)，および「環境の保全の機能からみて，当該開発行為により当該森林の周辺の地域における環境を著しく悪化させるおそれがあること」(同条の2第2項3号)が規定されている．ならびに，配慮事項として本条の2第2項各号の適用につき，「森林の保続培養及び森林生産力の増進」に留意せねばならない旨も定められている(同条の2第3項).

　注目すべきは，「開発行為の許可制に関する事務の取扱い(抄)」(2002(平成14)年3月29日付けの13林整治第2396号農林水産事務次官依命通知)が発され，そこには，「公益的機能別施業森林区域内の森林については，本条(10条)の2第2項各号の一に該当する場合が多いと考えられるので，審査は特に慎重に行うこと」という記載があることが特徴的である．ここには，許可基準にあった従来の環境要件をいくばくか補強する形での意思表示がうかがえ，環境法化の第2段階の端緒が確認できるからである．

　しかし，交告尚史は，これらの許可要件は存在するものの，現実には残地森林率の基準(一定割合の自然林を残すことを要求)によって概ね判定されており，そこには生物多様性への配慮はうかがわれない，と指摘する[交告 2012：691]．というのも，許可の条件としては，「森林の現に有する公益的機能を維持するために必要最小限度のものに限り，かつ，その許可を受けた者に不当な義務を課することとなるものであつてはならない」(同条の2第5項)のであり，実際の審査は，開発行為の目的，態様に応じて残置管理する森林の割合等からみて，周辺住民における環境を著しく悪化させるおそれの有無を判断することに留まっているからであると述べている．

　そこで，これらの要件のなかでも特に環境保全の機能に関する許可基準(同条の2第2項3号)をより厳しくすることが求められる．理由は以下の二点である．一点目は，そもそも保安林指定がなされていなくとも各地域の森林そのものがそれに準じる環境公益的機能を有するのであり，林地開発許可制度はそうした森林の開発の可否に対して判断されるものだからである．保安林については後述するが，大変厳しい規制が課せられている．その理由が，厳格でなけれ

ば保全できない機能もあると想定されているからであるとすれば，保安林指定
はされてなくとも森林というものは高い環境公益的機能を有するのであるか
ら，保安林制度に準じる開発許可基準こそが求められよう．さもなければ，保
安林指定された森林に準じる機能の保続が担保され得ないからである．二点目
に，2001（平成13）年に制定された森林・林業基本法は，国民の視点に立った
多様な機能の確保のために森林を保全していくという趣旨のもとで制定されて
いる．それを新たに担保するという観点でみるならば，従来と同一の開発許可
基準であってはならず，新たな環境要件や重みづけの検討が必要になって然る
べきといえるからである．

(3)　保安林制度の進化の問題点
──第 2 段階の端緒──

　前述の通り，保安林に関しては，2004（平成16）年の森林法第11次改正では，
特定保安林制度の恒久化(39条の 3)，および要整備森林に係る施業制度の改善(39
条の 5，6 および 7) が図られたのであり，これは進化の第 2 段階の端緒といえる．
本節では，この進化をすすめるにあたり，重要となる点等を検討しておきたい．
　保安林制度は従前からの森林の持つ公益的機能保全のための法制度である．
しかし，残念ながら当該制度は，森林・林業基本法11条の規定に基づいて，森
林および林業に関する施業の「総合的かつ計画的な推進を図る」森林・林業基
本計画の範疇外とされている．さらに，保安林制度の運用面は，特に歴史ある
制度であるがゆえに，そもそもどうしてこの区域が保安林指定されているのか
ということに関して，現状では説明しづらい場所も出てきているという実態が
ある．つまり，制度面のみならず運用面の課題も多い．よって，環境公益的機
能の保全とより一層の発揮のためには再編が必要であろうと思われる．
　はじめに制度面では，そもそも保安林制度は，1897（明治30）年の森林法（旧
森林法）制定時に創設されたものである［林野庁 2002］．保安林制度の意義は，
水源のかん養，災害の防備，生活環境の保全の場の提供等の公共目的を達成す
るため，特にこれらの機能を発揮する必要がある森林を，保安林として指定し，
その森林の保全とその森林における適切な施業とを確保することにある（25条
以下）［森林・林業基本政策研究会編　2013：283-422］．保安林に指定された場合の特

別措置として，税金が非課税になるまたは減額される，特別の融資が受けられる，伐採の制限に伴う損失についての補償が受けられる等という特典がある．他方，立木の伐採，土地の形質の変更，植栽の義務等の行為制限が課せられる（34条等）．

　また，現在では森林整備を着実に推進していくために，全国森林計画，地域森林計画および森林整備計画においてその目標を定めるだけでなく，地域の実情に応じた条件整備を整えていくことも重視されている．そこで，森林施業に関する権限の都道府県知事から市町村への大幅な権限委譲もなされている．この市町村森林整備計画制度においても，「公益的機能別施業森林区域」が選定され（15条の5第2項5号），当該機能発揮のための施業が推進されている．例として，水源涵養機能維持増進森林においては，伐期については樹種および地域[13]ごとに標準伐期齢に10年を加えた林齢が定められることになっている．すなわち，きわめて伐採しづらい規定となっているのであり，それはともすると保安林よりも厳しいものとなっているといえ，本来は環境公益的機能のためには最も保護されねばならないはずの保安林制度との整合性に疑問を持たざるを得ない．さらに，同じ環境公益的機能発揮のために，主に国が管理する保安林制度と，市町村が管理する「公益的機能別施業森林区域」等が併存しており，二重行政といえるのではないかという疑念も残る[14]．こうした構造のなかでも，あえて森林保全および都市緑化の推進のために保安林を含めて対策をとろうとする地方公共団体が存在することは頼もしい[15]．加えて，保安林指定および解除は，国および都道府県知事の権限であるが，その大部分は重要流域内に指定されている[16]が故に国の権限に属しており，地方の実情に即した森林行政の推進には妨げの一つにもなっている．

　次に運用面では，現行においてはスギ林・ヒノキ林という人工林が，森林所有者の節税対策・施業費用節減対策という意図のもとに，保安林指定されている事例も決して少なくはない．経費節減が保安林指定した目的であり，ならびに，公費で森林保全のための諸施業ができるのであれば，かえって施業は進めやすいともいえるが，現状では，森林所有者自身が森林への関心を失っており，まして施業等は望んでおらず施業予算が十分に消化できないところもある．

　前述のように，進化によって環境公益的機能に新たに認識された「自然環境

の保全」や「地球温暖化の防止」という機能は，それが人工林であれば各種の必要な森林施業が適切に実施されてこそ発揮されうる機能であるという性質を持つ．それゆえ，森林・林業基本計画にも組み込まれず，まして森林所有者の関心を失ったがゆえに適切な施業がしづらいという現行の保安林制度は，「自然環境の保全」や「地球温暖化の防止」という機能の発揮にはそぐわない側面もある．

　よって，あるべき姿に向けての進化のためには，保安林制度の再編も視野に入れることが求められるといえよう．具体的には，「守りたいものを決めそれを守るために他のものに手を加える」措置をとれるようにすることを目的とする．この点に係り筆者は，一つの試論を加えたい．そもそも森林が多面的機能（環境公益的機能）を発揮しているということは，例として「水源かん養保安林」が水源かん養機能発揮のためにだけ存在しているわけではないことを意味している．進化のために求められているのは，適切な森林施業の実施により環境公益的機能の発揮であり，適切な施業を実施することで，木材も産出できるであろうし，自然環境の保全機能も果たし，地球温暖化の防止にも役立ちうるのである．とすれば，現在の保安林制度とその運用のあり方を見直しながら，環境公益的機能を構成する各種の機能のバランスのあり方を再検討せねばならない時期に至っているともいえるのではないだろうか．

お わ り に

　森林・林業基本法の環境法化が第1段階を迎えてから12年，森林法がその環境法化および進化の第2段階の端緒を迎えてからおよそ10年経過した．その導入の経緯は，主に対地球温暖化政策の推進と相互に関連していることが確認される．あわせて，環境法化という実定法の変化は，訴訟の平面上にも，「地域の特性に応じて」自然資源管理が行われるために策定された運用条例や生物多様性地域戦略にも，着実に影響を与えており，環境公益的機能の「法的な管理」に及んでいるといえる．それはさらには，新しい環境公益的機能であるところの「自然環境の保全」や「地球温暖化の防止」の発揮のための管理が，従前からの保安林制度と抵触する部分も出てきているほどである．[17)]

こうした傾向を把握し，今後は，環境公益的機能に関するより精緻かつ明確な専門的・技術的評価を法的議論にとりいれていくとともに，「地域の特性」を生かすためにそれらの評価をどう生かすか，ひいてはどういう地域環境づくりをしていくのかという点等が検討されねばならない．すなわち，国立市大学通りマンション事件判決（最一判平成18年3月30日・判タ1209号87頁）においても判示されたように，「当該地域において法的に保護されるべき公益性とは何か」ということが，民主的手続きにより定められた当該地域の条例や行政法規等を策定していく過程で，徐々に実現を図っていくことが求められているのである［北村 2015：52-53；神山 2016：112］．これは，「当該地域住民の共同利益すなわち環境公益とは何か」ということを確定する過程であるともいえる．都市と森林が近接し自然災害への対応が求められる地域や，都市緑化および都市林に係る課題等は，まさしく日々の生活環境づくりに係る問題であり，上記の過程を経ることが必須といえる．そうした過程では，森林に求められる各機能間のバランスのあり方が，住民訴訟等の場においても，地方自治体の環境基本条例や生物多様性地域戦略の策定といった政策決定とその実践のための森林整備計画策定の場面においても，具体的に取り上げられてくることが想定され，今後の検討課題といえる．なお，現在の森林法制および森林計画制度は，ボトムアップが可能な仕組みであり，その証左として，豊田市では独自の方針および施策がうち出され推進されていることを挙げる．

　以上のように森林法制の進化および環境法化は，地球温暖化政策としての森林の環境公益的機能が注目されたことによって進んできている．そして，今後は地球温暖化対策としてのパリ協定の批准とその達成のために，より活発な木材利活用のための政策展開があることや，防災機能への注目からの政策展開が予測される．防災機能については，平成23年度内閣府大臣官房政府広報室「森林と生活に関する世論調査（世論調査報告書）」の「森林に期待する役割」における「山崩れや洪水などの災害を防止する働き」との回答が，前回調査で第1位であった「二酸化炭素を吸収することにより，地球温暖化防止に貢献する働き」を上回って第1位となったことからも重要視されている．こうした政策が環境公益的機能をないがしろにすることなく進められることは生物多様性基本法附則2条に規定する，政府がなすべき検討および必要な措置といえ，今後の[18]

2

動きに一層の注視が必要である.

付　記
　本章は, JSPS 科学研究費挑戦的萌芽研究（課題番号24653024：研究代表者　及川敬貴），
および基盤研究（C）（課題番号25380142）の研究成果の一部である.

注
1 ）他方, 交告尚史は,「土地の利用に関わる」法律と称しうるものを環境基本法の周り
　　に配置して環境法家族と命名しており, 採石法のような自然保護と無縁に見える法律も
　　環境基本法の仲間に取り込んで解釈するという環境法家族論を展開している［交告
　　2009：46-48］.
2 ）森林・林業基本法第 2 条（森林の有する多面的機能の発揮）によれば,「国土の保全,
　　水源のかん養, 自然環境の保全, 公衆の保健, 地球温暖化の防止, 林産物の供給等の多
　　面にわたる機能」が「森林の有する多面的機能」と定義されている. 同条文で, この「多
　　面的機能」は,「環境的機能」「公益的機能」とも表現されており, 本章では, 引用部分
　　以外においては「環境公益的機能」と表すこととする.
3 ）なお, 森林・林業基本法は, あくまで林業を通じた森林管理を本筋としたものであり,
　　法案の一つとして挙がっていた「持続的森林経営基本法」よりはある意味オーソドック
　　スなものといわざるをえない［杉中 2004：9-14］.
4 ）最二小判第平成19年12月 7 日・判タ第1259号191頁の傍論においてであるが, 改正さ
　　れた海岸法（1956（昭和31）年法律第101号）の目的に照らして「地域の実情に即して」
　　許否の判断をしなければならないと述べたことにも依拠している.
5 ）交告尚史は, 三浦大介による, 国の法律といえどもそれを当該地域の間尺に適うよう
　　に読み替えるべきだとする説［三浦 2004：32-34］を用いながら, 環境劣化が当該地域
　　に及ぼす影響等を比較考量の要素に含めることができるとの解釈を紹介している［交告
　　2009：42-44］.
6 ）公調委平成25年 3 月11日・LEX/DB 文献番号25500965においては, 砂利採取認可の要
　　件を規定する条例の条項の適法性審査において, 当該地方公共団体の（砂利採取の）実
　　情に適合したものであるかという点も考慮されるという裁定が下された.
7 ）Millennium Ecosystem Assessment 編［横浜国立大学21世紀 COE 翻訳委員会 2007］
　　等によって紹介され, 生態系サービスへの支払いの理論的根拠およびそれを用いた各種
　　の手法等は, 林［2010］等多数の文献等にても展開されている.
8 ）裁判所の判断には生態系サービスの金銭評価は用いられていない.
9 ）訴訟の背景については市川守弘弁護士の報告［市川 2013：10-11］に詳しい. それに
　　よれば, 道有林課では,「木材生産」ではなく「受光伐」による伐採処分という抜け道
　　を考え出し, 過密な天然林の林床に光を当て, 後継樹を育成する管理方法を始めた. す
　　なわち, えりもで針広混交林の天然林を皆伐し, 後継樹としてトドマツを植林したので

ある．よって，原告らは，天然林であれば自然の遷移に任せるべきであり，天然林を皆伐し後継樹としてトドマツを植林する行為は，理由を「木材生産」とはできないため，保全目的を隠れ蓑とした木材生産であるとして訴えたのが本件である．

10) 被告知事の主張に対して，原告住民らによる「『森林の公益的機能確保効果』に関しては水増しとしかいえない効果額が堂々と本件林道の効果として算出されている」との主張さえある．

11) 裁判所は，平成19年度補助金の交付は公益性の必要性を欠く違法なものであったが，補助金の交付は，同組合の経営安定を通じて，林業の維持，発展に資するという効果があり，その違法性を基礎づける事実を認識することは困難であったとした．他方，平成20年度の補助金交付時点では，大規模林道事業は，実施主体を県等に移管し，国が創設した「山のみち地域づくり交付金事業」として，県において，事業の必要性を判断し，継続するかを決定することになり，いずれも当時の市長らに指揮監督上の義務違反があったとはいえない等として，請求を棄却した．

12) 生物多様性基本法第13条で地方公共団体の策定が努力義務とされている生物多様性地域戦略について，平成27年3月末で策定済みの地方公共団体は，35都道府県，14政令指定都市，48市区町村の合計97である［環境省 2015］．

13) 森林法施行規則（1951（昭和26）年農林省令第54号）39条に基づく，「水源の涵養の機能の維持増進を図るための森林施業を推進すべき森林として市町村森林整備計画において定められている森林」をいう．

14) 全国森林計画（平成20年10月21日閣議決定）においては，森林の有する多面的機能（環境公益的機能）の発揮のために，森林・林業基本計画に定める各機能（「水源涵養」「山地災害防止・土壌保全」「快適環境形成」「保健・レクリエーション」「文化」「生物多様性保全」「木材等生産」）ごとに森林整備および保全の基本方針が明らかにされており，それらと二重行政の様相を呈しているのである．

15) 大阪府は，自然災害から府民の暮らしを守るための山地災害・流木防止緊急対策事業のなかで，「保安林に対する府の責務」として，復旧対策のみならず予防的対策も積極的に位置づけている（2015（平成27）年-2017（平成29）年事業）．

16) 重要流域とは，2以上の都府県の区域にわたる流域その他の国土保全または国民経済上特に重要な流域で農林水産大臣が指定したものである．

17)「自然環境の保全」や「地球温暖化の防止」機能の発揮は，積極的な森林施業を必要とするものである．よって，それらの発揮のためには，「地域の特性」を生かすためにそれらをどう生かすかということを見当した地方自治体の環境基本条例や，生物多様性地域戦略の検討が，各都道府県における地域森林計画や市町村における市町村森林整備計画と連携することが必須であるといえる．

18) この点につき，及川敬貴は「政府の責務の一部」と位置づけ［及川 2010：69］，北村喜宣は「立法的行政的対応の義務付け」と記している［北村 2015：112］．

参考文献

市川 守弘［2013］「えりもの森…聞いたことのない差戻し判決」『環境と正義』1/2月号，
　　　pp.10-11.

及川敬貴［2010］『生物多様性というロジック』勁草書房.

及川敬貴［2012］「自然保護訴訟の動向――生態リスクの「法的な管理」の行方」，環境法
　　　政策学会編『公害・環境紛争処理の変容――その実体と課題』商事法務，pp.65-83.

大塚直［2010］『環境法（第3版）』有斐閣.

大塚直［2016］『環境法BASIC第2版』有斐閣.

環境省報道発表資料［2015］「生物多様性地域戦略の策定状況について（お知らせ）」（http://
　　　www.env.go.jp/press/101003-print.html　2016年9月30日閲覧）.

北村喜宣［2008,初出2004］）「判例に見る環境基本法」『分権政策法務と環境・景観行政』
　　　日本評論社，pp.139-156.

北村喜宣［2009］「行政の環境配慮と要件事実」，伊藤滋夫編『環境法の要件事実』日本評
　　　論社，pp.91-106.

北村喜宣［2015］『環境法（第3版）』弘文堂.

交告尚史［2009］「国内環境法研究者の視点から」，環境法政策学会編『生物多様性の保護』
　　　商事法務，pp.42-55.

交告尚史［2012］「生物多様性管理関連法の課題と展望」，大塚直・松村弓彦・新美育文編
　　　『環境法大系』商事法務，pp.671-695.

神山智美［2014］「森林法制の「環境法化」に関する一考察――環境公益的機能のための
　　　法的管理導入と評価」九州国際大学法学会編『法学論集』20(3)，pp.43-63.

神山智美［2016a］「第二次泡瀬干潟埋立公金支出差止請求事件・那覇地判平成27年2月24
　　　日LEX/DB文献番号25506239」『富大経済論集』（富山大学経済学部），61(3)，pp.521-
　　　543.

神山智美［2016b］「景観保全のための住民運動のあり方を考える――環境行政法学から
　　　の一考察」，地域生活学研究会編『地域生活学研究』7，pp.95-116.

森林・林業基本政策研究会編［2002］『逐条解説　森林・林業基本法解説』大成出版社.

森林・林業基本政策研究会編［2013］『解説　森林法』大成出版社.

杉中淳［2004］「幻の「持続的森林経営基本法」について」森林計画研究会編『会報』
　　　No.413，pp.9-14.

髙山三平［1922］『日本森林法』南効社.

内閣府大臣官房政府広報室［2011］「森林と生活に関する世論調査（世論調査報告書）
　　　2011年（平成23年）12月調査」（http://survey.gov-online.go.jp/h23/h23-sinrin/index.
　　　html　2016年9月30日閲覧）.

林希一郎［2010］『生物多様性　生態系と経済の基礎知識』中央法規.

人見剛［2010］「自治体の法解釈自治権について」，北村喜宣・山口道昭・出石稔・礒崎初
　　　仁編『自治体政策法務』有斐閣，pp.142-149.

松本充郎［2014］「原子力リスク規制の現状と課題」『阪大法学』63(5)，pp.1453-1497.

三浦大介［2004］「判例研究　開発事業と自治体における『公共の福祉』——中土佐町採石事業訴訟」『自治総研』307, pp.20-36.

横浜国立大学21世紀COE翻訳委員会責任翻訳［2007］　Millennium Ecosystem Assessment 編『国連ミレニアム　エコシステム評価——生態系サービスと人類の将来』オーム社.

林野庁［2002］「保安林制度の概要」（http://www.rinya.maff.go.jp/puresu/h15-7gatu/0710/s4.pdf　2016年9月30日最終閲覧).

林野庁経済課編［1951］『森林法解説』林野共済会.

第12章

「都市」自治体における森林政策と市民

1 基礎自治体としての「都市」と森林

(1) 都市的な地域と「都市」自治体

　"都市の森林"といったときに多くの人々が思い描くのは，人口集積地に点在もしくは近接する森林ではないだろうか．そうした"都市の森林"における課題といえば，人口の多い地域に立地するがゆえにさらされる開発圧力や過剰利用の問題などであり，都市における森林に対する政策といえば，これら課題への対応策が主に論じられてきた．

　一方，都市における公共政策について考える場合には，都市を行政区分として捉える視点も重要になる．基礎自治体としての「都市」であり，行政主体としての「都市」である．自治体としての「都市」もまた，一定規模以上の人口を有する基礎自治体であり，人口集積地たる都市的な地域としての特性をもつ場合が多い．だが，例えば神戸市のなかにあっても裏六甲には長閑な田園風景がみられるように，自治体としての「都市」は，必ずしも都市的な地域だけから構成されているわけではない．とりわけ近年，日本においては大規模な市町村合併が進展した結果，自治体としての「都市」が変貌しており，「都市」における森林の問題のあり方も変容してきている．

　そこで本章では，最初に「都市」自治体の現状と神戸市六甲山の位置づけを整理した後，都市に住む人々の森林利用に関するニーズの動向について検討し，最後に「都市」自治体において森林政策を考えるとはどういうことかについて考えてみたい．

(2)　市町村合併と「都市」自治体の変貌

　日本の行政は，国，都道府県，市町村の三つの階層で担われており，都道府県が広域自治体と呼ばれるのに対して，市町村は基礎自治体と呼ばれる．基礎自治体が市となるには地方自治法第 8 条第 1 項に示される人口規模（原則として 5 万人以上）等の要件を満たしている必要があり，町となるには都道府県の条例で定める都市的要件を備えている必要がある．いずれの要件もみたさない基礎自治体が村となる．

　総務省や内閣府の各種統計などにおいて，市町村は人口規模から 4 種に区分されている．東京都区部と政令指定都市は大都市，人口10万人以上の市は中都市，人口10万人未満の市は小都市とされ，町と村は町村と括られる．約150万人の人口を抱える神戸市は，1956年に政令指定都市制度が発足した当時から政令市に指定された大都市であり，まさに人口が集積する都市の自治体である．だが，上記の区分に従うならば，神戸市のような大都市の他，中都市，小都市となっている基礎自治体も全てが「都市」といえる．

　「都市」自治体と町村の人口推移を少し長いスパンで振り返ってみたい（図12-1）．今から90年以上前の1920年当時，日本の人口の 8 割以上は町村に住ん

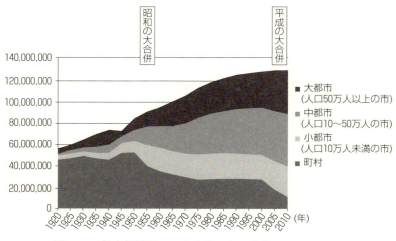

図12-1　都市規模別にみた日本の人口推移（1920～2010年）

（出所）1920 ～ 2005年のデータは，総務省統計局「日本の長期統計系列」（http://www.stat.go.jp/data/chouki/index.htm）よりデータを取得して作成．2010年のデータは，2010年国勢調査結果による．

でいた. その数は, 1950年代以降, 長期的に減少しており, 2010年現在では人口の１割を切るに至っている. その一方で急速に拡大し続けてきたのが, 1920年当時はマイノリティだった「都市」に住む人々の数である. 「都市」人口が拡大した要因の一つは, 町村部から都市部への人口移動である. だが, あわせて大きな影響を及ぼした要因として, 1950年代と2000年代において大規模に進展した市町村合併がある. それぞれ昭和の大合併, 平成の大合併と呼ばれる. いずれの時期にも町村の数が大幅に減少する一方で,「都市」の数は増加した(表12-1). 市町村合併を通じて, 農山村地域でありながらも行政区分としては「都市」の一部となった地域が数多くあったものと考えられる.

　平成の大合併後の「都市」自治体のプロフィールをみてみよう (表12-2). 2010年現在,「都市」は, 市町村の数で46%, 土地面積では58%を占めている. その「都市」に居住する人々の数は, 日本の人口の実に91％に及んでいる. もはや国民のほとんどが「都市」住民なのである. 一方で, 森林はどうだろうか. 「都市」の森林は, 2010年現在, 日本の森林の54%と過半を占めている. ただし, 土地面積に対する森林面積の割合 (e/d) は, 町村 (74%) で最も高く人口規模が大きい自治体ほど低くなっており, 人口が多いところほど森林が少ない傾向がみてとれる. とはいえ, 最も低い大都市においても森林面積の割合は47%となっており, 例えばヨーロッパ諸国と比較すると, スイス (31%) やドイツ (32%) の森林率よりも高く, オーストリア (47%) と同じレベルにある. また, 大都市のなかでも, 東京都区部や大阪市などには森林がほとんど無いが, 静岡市や京都市では森林面積の割合が市域の70％を超えており, ヨーロッパでも最も森林率が高いフィンランド (73%) に匹敵している. さらに, １団体あたりの森林面積 (e/a) をみると, 大都市が最も大きく約２万haであり, 最も小さな町村は大都市の６割ほどの森林面積となっている. これは, 人口規模の大きな自治体ほど総土地面積が大きい傾向があることによる. 静岡市や浜松市のように市域内の森林面積が10万haを超える大都市もある. 基礎自治体でありながら, 東京都や神奈川県の森林より広大な森林を抱えているのである. 行政区分でみた場合, 現在の日本においては,「都市」イコール森林が少ないという図式が一概にはあてはまらなくなっている.

　一方, 都市の対極に近い概念として山村がある. 山間部に位置する人口が少

表12-1　都市規模別にみた市町村数の推移 (1920～2010年)

	1920	1925	1930	1935	1940	1945	1950	1955	1960	1965	1970	1975	1980	1985	1990	1995	2000	2005	2010
大都市（人口50万人以上の市）	4	5	6	6	6	5	6	7	9	12	15	17	19	21	21	22	23	26	29
中都市（人口10～50万人の市）	12	16	22	28	39	31	58	92	105	120	136	158	174	183	188	199	206	226	239
小都市（人口10万人未満の市）	67	80	81	93	123	170	190	397	447	435	437	469	454	448	447	444	443	499	523
町　村	12,161	11,917	11,755	11,418	11,022	10,330	10,246	4,381	3,013	2,868	2,743	2,613	2,609	2,602	2,590	2,568	2,558	1,466	928
合　計	12,244	12,018	11,864	11,545	11,190	10,536	10,500	4,877	3,574	3,435	3,331	3,257	3,256	3,254	3,246	3,233	3,230	2,217	1,719

（注）東京都区部は、1945年以降1市として市に算入。
（出所）1920～2005年のデータは、総務省統計局「日本の長期統計系列」(http://www.stat.go.jp/data/chouki/index.htm) よりデータを取得して作成。2010年のデータは、2010年国勢調査結果による。

表12-2　都市規模別にみた市町村の概況 (2010年)

	団体数(a) 団体		人口総数(b) 人		人口集中地区人口(C) 人		c/b	総土地面積(d) ha		d/a	現況森林面積(e) ha		e/a	森林率 (e/d)
大都市（50万人以上の市）	29	2%	40,529,299	32%	33,375,229	39%	82%	1,217,242	3%	41,974	568,338	2%	19,598	47%
中都市（10～50万人以上の市）	239	14%	48,445,098	38%	38,671,487	45%	80%	7,082,457	19%	29,634	3,829,396	15%	16,023	54%
小都市（10万人未満の市）	523	30%	27,574,728	22%	10,765,352	13%	39%	13,374,179	36%	25,572	8,922,919	36%	17,061	67%
町　村	928	54%	11,508,227	9%	2,460,447	3%	21%	15,599,555	42%	16,810	11,524,649	46%	12,419	74%
合　計	1,719	100%	128,057,352	100%	85,272,515	100%	67%	37,273,433	100%	21,683	24,845,302	100%	14,453	67%

（注）東京都区部は1市として大都市に算入。
（出所）2010年国勢調査および2010年世界農林業センサスのデータを用いて算出・作成した。

ない地域である．1965年に制定された山村振興法では，1950年時点の市町村を単位として，林野率が高く人口密度の低い地域を振興山村に指定している．2010年現在，振興山村は，日本の土地面積の47%を占めており，日本の人口の3%が居住している．この振興山村が，現在の行政区分では「都市」に含まれている場合も少なくない．例えば，2010年現在の大都市28市（東京都区部を除く）についてみると，約4割にあたる11市の市域内に振興山村が含まれている．うち7市は平成の大合併で振興山村が含まれることになった市であり，2市は昭和の大合併で振興山村が含まれることになった市である．とりわけ近年大規模に展開した平成の大合併は，山村地域と都市地域という特性の異なる地域を同一自治体内に含める都市－山村合併型の「都市」自治体を生み出す大きな契機となったことがうかがえる．

(3)　都市－山村合併型の「都市」と六甲山

「都市」自治体と都市地域，山村地域の関係を改めて整理したい．地域特性としての都市地域と山村地域についてみるならば，日本においては一般に，人口が集積する都市地域には森林が少なく，広大な森林が広がる山村地域には人口が少ない傾向がある（図12-2）．先述の振興山村は，こうした山村地域を指定対象としたものである．

　基礎自治体としての「都市」も，かつては都市地域を市域とする自治体が多かったものと思われる（図12-3の左側）．そうした「都市」自治体における森林政策の中心的な課題は，市域内にわずかに残る森林を開発から守ることや都市地域の住民による利活用を推進することとなるだろう．だが，現在の日本においては，先にみたように，市町村合併を経て山村地域までを市域に含むに至った「都市」自治体も少なくない（図12-3の右側）．こうした都市－山村合併型の「都市」自治体においては，都市地域の森林問題だけではなく，山村地域が直面する森林問題も市域内に抱えることとなる．山村地域に豊富に存在する森林資源をいかに活用して地域の社会経済面での活力を育むか，地域文化を継承していくかといった課題は，山村地域における切実な課題の一つである．合併せずに基礎自治体として残っている山村には，村をあげて森林資源の活用策に力を注いでいるケースもある．だが，「都市」自治体の場合，自治体の住民，すなわ

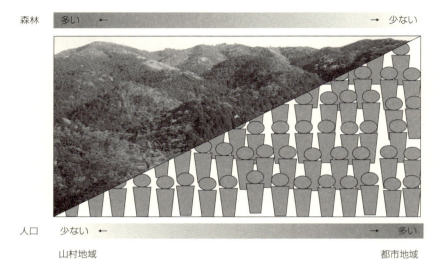

図12-2　都市地域と山村地域における人口と森林面積

（出所）筆者作成.

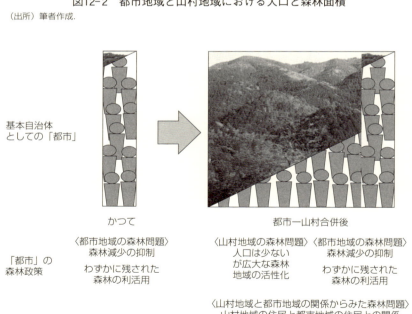

図12-3　基礎自治体としての「都市」における森林政策の課題の変貌

（出所）筆者作成.

ち市民の大多数は都市地域の住民である．山村地域内における地域的な課題が，「都市」自治体の課題として認識され，自治体としての取り組みに至るには多くのハードルがあることは想像に難くない．また，都市地域の住民と山村地域の住民との間に，森林の利活用や課題についての認識やニーズに相違があることもあるだろう．そうした場合，人口比でいくと圧倒的なマイノリティである山村地域の住民の声がかき消されてしまうといった懸念もある．市議会の議席は都市地域の住民が大多数を占め，自治体職員もほとんどが都市地域の住民である場合が多いのである．その一方で，都市−山村合併型の自治体には，都市地域の住民と山村地域の住民が自治体内で交流を深める機会を生み出しやすいといった側面もあるだろう．こうした市域内の都市地域の住民と山村地域の住民との関係のあり方もまた，都市−山村合併型自治体における森林の課題を考えるうえで見落とせない論点の一つとなる．

　本書で主に取りあげられてきた六甲山を抱える神戸市は，近年，日本で増加した都市−山村合併型の「都市」自治体の先駆け的な存在と捉えることができるのではないだろうか．ビルや住宅が立ち並ぶ神戸市の市街地から六甲山系の向こうに行くと，森林に覆われた山間地が広がっている．現在は，山と山の間に住宅団地が続いているが，ところどころに農山村的な風景も残されている．かつてこの裏六甲にあった町村の多くは，戦後間もない1947年までに港町の神戸市と合併している．先述の振興山村の指定単位とされた1950年の時点の市町村区分では既に神戸市に含まれており，振興山村の指定は受けていない．だが，当時の裏六甲は住宅開発がまだ進んでおらず，山村的な地域が広がっていたことを空中写真などから知ることができる．現在の神戸市は，戦後まもなくに都市−山村合併型の「都市」自治体となり，以来半世紀以上にわたって「都市」における森林問題に対処してきた自治体なのである．

2　森林に対する人々のニーズ

（1）　森林利用の現状

　日本において，人々は，森林をどのように利用しているのだろうか．内閣府の世論調査の結果から，森林への訪問の有無と訪問目的の推移をみたのが**表**

表12-3　この1年で森や山へ行った目的（複数回答）

調査年	1976年	1980年	1986年	1989年	1993年	1996年	1999年	2003年	2007年	2011年
行ったことが無い	46.4	45.8	49.9	35.3	33.6	34.2	35	33.6	27.3	27.8
景観や風景を楽しむ	20.9	19.0	17.3	31.3	29.2	29.9	25.5	29	38	40.4
何となくのんびり	18.0	17.2	13.4	24.5	24.8	24.9	25.3	25.1	30.4	28.9
ドライブを楽しむ	9.2	13.5	15.0	21.9	24.9	23.8				
森林浴			8.2	14.1	10.7	11.6	21.2	25.6	36.9	37.2
キャンプやピクニック	11.8	13.7	11.4	14.6	17.2	17.5	16.6	13.7	16.6	17.4
釣りや山菜採り	11.9	12.9	13.3	16.7	16.0	16.7	17.5	14	18.7	15.4
登山やスキー	4.9	5.1	6.7	9.7	11.5	12.7	12.4	11.8	13	13.6
自然観察	3.5	4.4	6.2	10.6	7.6	7.4	8.9	7.3	12.5	10
森林ボランティア活動					3.3	2.1	3.8	3	2.9	3.9

（注）1976年調査から1996年調査までは，「山や森や渓谷などへ，仕事以外でいったこと」があるかを質問したう
　　　えで，あると答えた者にその主な目的を問う形式であった．表中の回答者の割合は，各項目の選択者の割合
　　　を全回答者に占める割合に算出し直した値である．1999年調査以降は，「仕事以外」という条件と「渓谷」
　　　という対象が無くなり，「行ったことがない」という選択肢も含めて，全回答者に山や森への主な訪問目的
　　　を問う形式である．また，1976年調査と1980年調査においては，訪問目的の選択が二つまでに限定されて
　　　いた（その他調査では制限無しの複数回答）．
（出所）内閣府による「森林と生活に関する世論調査」等の各調査報告書より作成．

12-3である．この35年間，森林に行ったことがないとする人々の割合は低下
傾向にあり，森林を訪れる人々は増えてきていることがわかる．直近2回の調
査結果では，1年のうちに1度は森や山を訪れている人々の割合が回答者全体
の7割を超えている．居住する自治体の人口規模による差異は，ほとんどみら
れない．森林へ行ったことが無い人々の割合が大きく減少したのは，1980年代
後半，リゾートブームと呼ばれる時期である．この間の伸びが目立つ訪問目的
は，「景観や風景を楽しむ」と「何となくのんびり」の二つであり，具体的に
森林をどのように利用したのかはわからないが，「ドライブを楽しむ」も増加
していることを考えると，例えば森林の多い地域で車窓から森林を眺めつつド
ライブしたといった「利用」の増加が含まれている可能性もある．一方，1990
年代後半以降には，森林浴を目的とした森林への訪問の増加が目立つ（第2章
参照）．近年，多くの人々が森林の訪問目的としてあげているのは，これらの，
何かを能動的に行うというよりは受動的なイメージの強い目的となっている．
　回答者が居住する自治体の人口規模によって回答者の割合が異なる訪問目的
もある．最も継続的かつ明確な差異がみられるのは，釣りや山菜採りを目的と

した訪問であり，人口規模が小さい自治体の住民ほど釣りや山菜採りのために
森林に行く人々の割合が高い．また，調査年により結果のバラツキがあるもの
の，多くの調査年において差異が顕著にみられるのが森林ボランティア活動で
ある．人口規模が小さい自治体の住民ほど，森林ボランティア活動のために森
林に行く人々の割合が高い．調査年によっては，町村の回答者の割合が大都市
の回答者の割合の10倍以上に及ぶこともある．森林ボランティア活動といえば
都市地域の住民が森林で汗を流しているイメージがあるが，人口に対する参加
者の割合からみると，農山村地域の住民の方が積極的に参加しているようであ
る．逆に，人口規模が大きい自治体の住民ほど回答者の割合が高い傾向にある
訪問目的には，キャンプやピクニック，登山やスキー，1990年代以降の森林浴
がある．森林浴を目的として訪問する人々の割合は，都市規模が大きいほど回
答者の割合が高いという傾向を維持したまま，近年，各層を通じて全体的に増
加している．

　日本人の森林利用をヨーロッパの人々の森林利用と比較して，日本人は本当
に森林が好きなのだろうかとの疑問を投げかけてきた人々もいる［土屋 1995］．
ヨーロッパでは，多くの人々が森林内の散策路をひたすら歩くことを好むが，
日本においては，人々が森林を訪れたとしても駐車場から近い芝生広場や施設
に滞留するばかりで，森林内を歩く人々は非常に少ない．利用者の側に本来的
な森林レクリエーションに対する切実な要望が弱いのではないだろうか，とい
うのである（第2章参照）．

　日本よりも人々の日常的な森林利用が盛んとされる国の一つにスイスがあ
る．スイスにおいて2010年に実施された世論調査の結果を概観しよう［BAFU
und WSL 2013］．スイスにおいて休暇以外で日常的に森林へ行く人々の割合は，
夏で94%，冬でも82%に及んでいる．森林に行かない人は稀なのである．しか
も夏で54%，冬でも36%の人々が週1〜2回以上の頻度で森林へ通っている．
森林で何をするかというと，64%の人々が散歩，39%の人々がハイキングやジョ
ギング，ノルディック・ウォーキングやサイクリングなどのスポーツを楽しむ
と回答している．歩く，走るなどのちょっとした運動が森林利用の主要な形態
なのである．次いで多いのは，ただいることを楽しむ人々が32%，自然観察が
27%，何かの採取が16%となっている．通常，森林に行くときの交通手段は，

70%の人々が徒歩だとしている．自動車は18%，公共の交通機関の利用者は４％
にとどまる．日常的に利用する森林は，何より物理的に人々の身近にあること
がわかる．実際にスイスの森林内を歩いてみると，ただ歩いている人やラン
ナー，馬に乗っている人など様々な人々とすれ違う．道は等高線方向に伸びて
いる場合が多く気軽に歩きやすいし，標識もわかりやすい．場所によっては，
木材などを使った簡単なフィットネス・コーナーが設けられており，運動強度
を高めたい人達には目標タイムなども示されている．日常的に気軽に楽しむこ
とができるような仕掛けが大げさではない形で存在している．

　一方，ヨーロッパでも森林が少ない国の一つであるイギリス（森林率13%）に
おいても森林に関する世論調査が行われている［Forestry Commission 2015］．
2015年の調査結果において，過去数年の間に散歩やピクニックないしは他のレ
クリエーション利用のために森林へ行った人々の割合は，イギリス全土で56%
となっている．この2015年調査の結果は前回調査までと比べて大きく低下して
おり，例えば2011年調査の結果をみると67%がレクリエーション目的で森林を
訪問したとの結果になっている．こちらは日本の世論調査結果と比較的近い値
といえる．イギリスの世論調査では，森林へ行かない理由を問う設問もある．
33%は興味がないから，27%は忙しいからと回答しており，遠いから，車が無
いからとする人々も15%いる．森林からの物理的ないしは心理的な距離が森林
利用を阻む要因となっていることがわかる．

　だが，日本の世論調査の結果をみると，人々の森林に対する心理的な距離は
遠くないことがわかる．1989年の世論調査において森林に親しみを感じるかを
問う設問が設定されて以来，親しみを感じると回答する人々の割合は９割近く
で保たれている．こうした人々の森林に対する好感をどのようにして具体的な
楽しみや実感に結びつけていくのか．ソフト面でのサポートや仕掛けの充実が
求められているのかもしれない．

(2)　森林への期待

　日本人の森林に対するニーズを居住する自治体の人口規模別に示したのが**図
12-4**である．上の図は森林に対して期待する役割，下の図は居住地近くに広
がる森林に対する期待を示したものである．両者は選択肢や選択可能な回答数

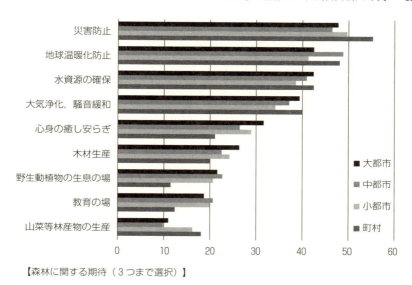

【森林に関する期待（3つまで選択）】

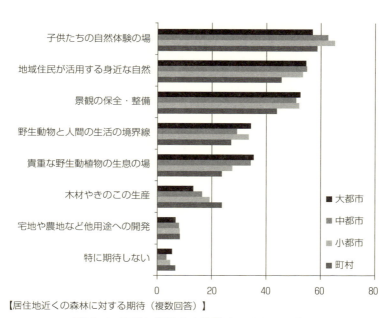

【居住地近くの森林に対する期待（複数回答）】

図12-4　森林に期待する役割（2011年世論調査）

（出所）内閣府大臣官房政府広報室［2012］森林と生活に関する世論調査（世論調査報告書平成23年
12月調査），内閣府大臣官房政府広報室より作成.

に相違があり単純な比較はできないが，人々が居住地近くの森林に求めるものは，森林一般に対する期待とは若干異なっていることが読み取れる．

　身近な森林に対して最も多くの人々が期待しているのは，居住する自治体の人口規模を問わず，「子供たちの自然体験の場」としての役割（全回答者の61%が選択）である（第8章参照）．一方，最も選択した人が少ないのは，「宅地や農地など他用途への開発」（同8%）や「特に期待しない」（同5%）であり，人口規模を問わず回答者は少ない．「都市」であっても町村であっても多くの住民は，居住地に近い森林に対しては，開発せずに森林として維持しながら活用していきたいと考えていることがわかる．一方，図12-4の上図が示す森林一般への期待においては，教育の場と回答する人々の割合が他の項目と比較して少なくなっている．森林の教育の場としての活用ニーズは，人々の居住地近くにある森林に対して特に求められていると捉えることができる．

　回答者が居住する自治体の人口規模によるニーズの違いをみると，「野生動植物の生息の場」としての役割への期待は，森林一般に対しても居住地近くの森林に対しても，人口規模が大きい自治体の住民ほどニーズが高い傾向がみられる．これらの項目については，農林漁業者のニーズ（森林一般については17%，居住地近くの森林については17%が選択）とそれ以外の人々のニーズ（同24%，32%）の差が特に大きく，農作物や植林地などへの獣害の危険性を感じている人々とそうした実感を持たない人々との間で，ニーズのギャップが生じている可能性が高い．一方，人口規模が小さい自治体の住民ほどニーズが高いのは，森林一般に対する「山菜等林産物の生産」と身近な森林に対する「木材やきのこの生産」である．先にみた山菜採り等の利用状況を反映したものと考えられる．一方で興味深いのは，森林一般に対する「木材生産」への期待である．身近な森林への期待とは異なり，人口規模が大きい自治体の住民ほど期待が高くなっている．人口規模別にみた「木材生産」への期待は，2003年の世論調査までは人口規模が小さな自治体の住民ほど高い傾向がみられたが，近年は逆転している［石崎 2016］．

(3)　森林に対する開発圧力

　都市近郊林が抱える主要な課題とされる開発圧力の動向についてもみておき

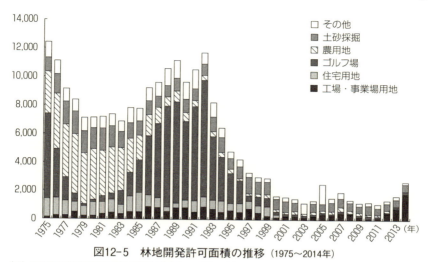

図12-5　林地開発許可面積の推移（1975～2014年）

（注）開発区域内に残置する森林面積は含まない．「その他」には，別荘地，レジャー施設，道路，産業廃棄
　　物処理場，残土処分場福祉施設，墓地等が含まれる.
（出所）林野庁編「森林・林業統計要覧」各年版より作成.

たい．国有林以外の森林における 1 ha以上の林地開発許可面積の推移を示し
たのが**図12-5** である． 1 ha以上の林地開発は，林地開発許可制度が創設され
て間もない1975～77年と概ねバブル景気と重なる1986～1992年の二つにピーク
がみられ，この時期には年間 1 万ha規模の林地開発が行われていた．ピーク
期の林地開発の増加に最も大きな影響を与えたのは，ゴルフ場の設置である．
開発対象となったのは，おそらく都市部からアクセスが良い林地であろう．だ
が，ゴルフ場開発は1993年以降大幅に減少しており，それとともに林地開発面
積も大きく減少してきた．2000年代に入ってからの開発面積は，概ね年間
1000ha強とピーク時の10分の 1 近くまで縮小している．これらのデータをみ
ると，都市周辺における森林への開発圧力は，近年，ピーク時に比べて大幅に
和らいでいるように思われる．ただし，これらは林地開発許可制度の対象とな
る 1 ha以上の林地開発のデータである． 1 haより小規模な林地開発の動向ま
では含まれていない．また，開発面積が小さくなったとはいえ，依然として林
地開発が無くなったわけではない.

3　森林政策と市民

(1)　土地所有者と森林の保全

　ある森林が開発されるか否か，人々がある森林をレクリエーション目的で利用できるか否か等を強く左右するのは，その森林の所有者の意思や意向である．土地の利用や処分に対する権利は，法令による制限がかからない限り，土地所有者が有している．日本の森林の約6割は，個人や会社などが所有する私有林である．一般に私有林は人家に近い里山に多い傾向にあることを踏まえると，都市近郊林において私有林の割合がより高い場合が多いものと考えられる．彼らは所有林に対してどのような意向を持っているのだろうか．

　やや古いが，1990年代末に神奈川県の箱根外輪山一体の私有林所有者に対して行った意向調査の結果をみてみたい［石崎 2000］．都市近郊に位置する箱根外輪山の森林を所有する人々のなかで，木材生産による収入を得ている森林所有者は，1%と極まれである．同時期に高知県の山村地域の私有林所有者に対して行った同様の調査結果では34%を占めていたのと比べると，大きく異なっている．一方，所有林のなかを送電線が通っているため線下補償金を受け取っているという森林所有者が箱根外輪山では20%に及んでいる．森林の所有目的として将来的にであっても木材販売による収入を得ることを期待する所有者は41%（高知県の山村地域では73%）にとどまり，できれば手放したいが適当な買い手がいないとする所有者が15%（同18%），いつか何らかの用地に転用するために所有しているとする所有者が11%（同1%）いる．森林を森林として所有しているのではなく，所有している土地がたまたま森林であるだけという感覚の所有者も少なくないのかもしれない．

　そうした森林所有者が森林としての所有を放棄する大きな契機となってきたのは，相続の発生である．地価の高い都市地域における相続税は，所有者にとって重い負担となることがある．また，かつて山で植林した記憶や経験のある世代の所有者が亡くなって，山など行ったこともないといった子供世代が所有林を相続した結果，所有者にとっての森林に対する想いが全く異なるものとなるケースもあるだろう．

　こうした森林を森林として維持するために，法的な規制をかけることもできる．例えば，都市緑地法に基づく特別緑地保全地区制度は，都市の良好な自然的環境となる緑地を現状のままで凍結的に保全するために指定する制度である．2014年度現在，指定地は全国で2571haあり，そのうち98％は樹林地となっている．この特別緑地保全地区に指定されると強い法的制約が課せられるが，その一方で相続税や固定資産税が減免される他，行為制限が土地の利用に著しい支障をもたらす場合には，市長に対してその土地の買い入れを申し出ることもできる制度となっている．特別緑地保全地区の制度を積極的に活用しているのが，神戸市と横浜市である（第5章参照）.

　だが，こうした強い規制を伴う保全制度は，所有者にも自治体にも負担が大きく，なかなか広く適用させることが難しい．そのため，例えば横浜市では，より縛りの緩やかな保全地域の指定制度や一般市民により利活用をする仕組みなどと組み合わせて，所有者の意向に応じた保全の仕組みが築かれてきた［石崎・堀 1998］．また，森林の保全を求める人々や組織が土地所有者の権利の一部もしくは全てを買い取ることで保全を図るトラストなどの手法も開発から森林を守る方策の一つとして活用されている［木原 1998］.

　一方，神戸市の六甲山系のような都市近郊林には，かつてムラの構成員が共に入り会い利用してきた森林も少なくない．こうした森林は，個人所有の私有林ではなく，財産区や一部事務組合，生産森林組合といった様々な形態で所有されてきた．こうした森林においては，かつて盛んに行われた薪炭採取や採草は，燃料革命を経てほとんどみられなくなり，これに代わってムラの人々の共同作業で行われた植林やその後の下刈り等の手入れも，林業経営を取り巻く環境が悪化するなかで次第に続けるのが難しくなっていった．その結果ほとんど利用されずに放置されている森林も増えているが，その一方で，比較的まとまった面積で維持されているこれらの森林が，地方自治体の森林関連施策の実施の場として活用されたり，市民ボランティアによる利活用が行われたりする動きも一部に広がっている［石崎・遠藤 1999］．かつてのムラにおいての「みんな」の森林と現在の「都市」自治体における「みんな」の森林との違いと両者の新たな結びつきのあり方を考えるうえで［石崎 2008］，興味深い動きといえる.

(2) 「都市」自治体として考える森林政策

　どういった森林にどのような施策を講じてどのように保全し管理していった
ら良いのか．森林をめぐる諸問題において，「これが正しい解決策だ」と断言
できるような絶対的，普遍的な方策は，ほとんどの場合，存在しない．森林に
対するニーズや意向は人によって様々であり，また時とともに変化している．
近年，都市－山村合併型の「都市」自治体が増加するなかで，「都市」自治体
の市民の間での居住環境や社会経済環境，森林との関わりや森林に対するニー
ズは多様化している．そうしたなかで，自治体としての方針を定めて森林に関
する施策を講じていくにあたっては，自治体「市民」のニーズをどのように捉
えるのか，異なる「市民」のニーズをどのように調整していくのかが重要かつ
チャレンジングな課題となっている．

　20年前，筆者が森林政策研究に関わり始めた当時，都市の森林政策というの
は，森林政策において非常に特殊な領域であるとの認識が一般的になされてい
たように思う．都市林や都市近郊林に関する研究は，森林政策研究の隅っこで
ひっそりと行われるか，時には森林政策の範疇外であるかのような扱いを受け
ることさえあったように感じられた．だが，「都市」自治体において森林を考
えることは，まさに人々と森林との関係全体を考えることに繋がっている．人々
と森林との関係をどのように築いていくのか．その最前線に六甲山をはじめと
する"都市の森林"が立っていると捉えることができるのかもしれない．

参考文献

石崎涼子［2000］「林業離れと森林放棄―― 3 つの調査地の比較から実情を探る――」遠
　　藤日雄編『スギの新戦略Ⅱ　地域森林管理編』日本林業調査会，pp. 88-72.

石崎涼子［2008］「『みんなのもの』としての森林の現在――市民と自治体が形づくる「み
　　んな」の領域」，井上真編『コモンズ論の挑戦 新たな資源管理を求めて』新曜社，pp.
　　80-95.

石崎涼子［2016］「内閣府世論調査にみる木材生産に関する国民ニーズ――長期推移から
　　みた2000年代のニーズの特徴――」『森林総合研究所研究報告』15(4)，pp. 111-143.

石崎涼子・堀靖人［1998］「都市近郊林の保全対策に関する一考察――横浜市における諸
　　施策の比較――」『日林論』109，pp. 95-98.

石崎涼子・遠藤日雄［1999］「都市近郊の森林管理に関する一考察――旧入会林野におけ
　　る社会的ニーズに対応した森林管理の試みから」『林業経済研究』45(1)，pp. 81-86.

木原啓吉［1998］『ナショナル・トラスト』三省堂.

土屋俊幸［1995］「日本人は本当に森林が好きなのだろうか」,「森が好きですか?」編集委員会編『森が好きですか?』北方林業会, pp. 2-9.

Bundesamt für Umwelt（BAFU）und Eidg. Forschungsanstalt für Wald, Schnee und Landschaft（WSL）［2013］*Die Schweizer Bevölkerung und ihr* Wald: BAFU.

Forestry Commission［2015］Public Opinion of Forestry 2015, UK and England: Forestry Commission.

終 章

都市近郊林を活かす三つのチャンネル

　都市には多くの人々が暮らしている．六甲山のように居住地のすぐ背後に連なる都市近郊林は防災面でも大変重要な意味を持つ．都市での居住環境の質を左右するものとして森林はその基盤になっている．本書でも，その基盤たる元来的な六甲山の植生が人間社会との関係で変化し，照葉二次林化の進行により，不健全で脆弱な状況が生み出されていることが指摘された（第3章）．加えて，従来見られなった局地的な集中豪雨の頻発より想定外の山地崩壊が起こりうることも明示された（第4章）．異なるエコロジーを考慮に入れて考えることが都市近郊林の今後を展望するうえで第一条件となる．そのうえで，終章では，森林との間柄をどう良好に保ってゆくかということについて，各章から得られた知見や含意にもとづき，社会科学的な面から考察を進めてみよう．

1　森林の価値を引き出す三つのチャンネル

　森林の持つ価値は多様である．その価値の引き出し方には様々な議論があるが，終章では大きく三つのチャンネルを想定してみたい（図終-1）．
　第一は市場で取引される価値の引き出し方，第二は，市場で取引されない価値の引き出し方，第三は行政主体による価値の引き出し方である．**図終-1** はその関係を示す見取り図である．市場経済下にあっては，森林環境の多様な機能や価値の市場化（＝商品化経済）を進め収益が上がれば，それを森林保全の財源にできる．他方，非市場（＝非商品化経済）は，市場でのやり取りを通じない人々の営みが森林の価値を引き出すやり方である．例えば，森林を使った教育，燃料源としての薪や落ち葉の自給利用，近隣住民による森林ボランティア活動，

図終-1　森林の価値を引き出す三つのチャンネルの見取り図

（備考）作図は三俣，加工は川添拓也による.

第9章の資金調達の面でいえば，ランドトラストや寄付などがこれに含まれる.
前者は，利潤最大化行動にもとづく弱肉強食の「競争」を原理とし，後者は市
場の原理で劣位に置かれるが人間が生きていく上で大切なものを守る「協働」・
「自治」・「共感」を原理としている. 第三の行政は社会の福利を高めるべく，
私的活動をときに制御しときに支援する. 例えば，森林の行き過ぎた開発を規
制する，市場で評価されない森林の利用や管理の政策を導入することによって
改善に導く力を持つ[1]. 第9章でいえば，開発権や水源税などは市場的な手法を
用いた公的規制や是正措置である. 規制や法制など強い力が付与されている正
当性の源泉は市民の信託にあり，図終-1の最基層部にそれが描かれている.

　編者らは，この三者が互いの長所や短所を見極め尊重しあいながら，相互に
補完する形で，環境資源の活用や保全を進めていくことが重要だと考えている
[Mitsumata 2013]. 終章では，この森林環境の価値を引き出す三つのチャンネル
を念頭に置いて，都市近郊林の今後を考えるヒントを探ってみよう.

2　市場的な森林の持つ価値の取り出し

　市場（＝商品化経済）の主たる担い手は企業である．神戸市に限定して言えば，グローバルな林業市場と接続するような大規模経営を営む林業主体はない．森林組合すらない．その意味では森林の商品化経済の典型は存在していない（第6章）．しかし，現代社会を生きる企業は，環境問題など広く公共に資する社会的な活動を強く求められる存在である．例えば，企業のCSR活動はその典型である．利潤最大化を図るだけでなく，主要業務で得られた利潤の一部を使って，社会貢献として手入れの必要な森林整備を行う「企業の森づくり」が六甲山でも取り組まれてきた［六甲砂防 website］．企業は純然たるボランティアというだけでなく，このような活動を通じて自らの社会貢献を広くアピールすることで，その存在価値を高めることができる．さらに，社員の研修，福利厚生の一環として森づくり活動をうまく取り込んでいる例も散見される［亀井 2014］．これは企業が癒し効果をうまく社員研修や福利厚生として活用している好例といえる．本書でなしえなかった六甲山における企業の森づくり活動に関する分析は，今後の都市近郊林研究とも合わせて展開されることで，新たな可能性と課題が浮き彫りにできると思われる．

3　市場一辺倒での森林価値の取り出しでなくしたもの

　都市近郊林は，その人口密度が高い都市住民ほど恋い焦がれる存在であること，そして六甲山の価値評価額は予想を超えて高い．ところが，それほどまで緑に飢え乾いた都市住民であるのに，森林にアクセスし活動する機会が少ない（第2章・第12章）．その原因には森林との物理的な距離，森林に親しむ知識や技法の欠如があるのではないか，と齋藤は推察する．編者らは，ここに都市近郊林の最大の特徴が見えるように思う．六甲山の歴史を思い出してみよう．薪炭利用の自給利用の場は林業生産の場になり，そうならなかった薪炭林は開発されるか放置された．収益を見込んで植えられたスギやヒノキもまた市場での価値が低迷し，林業的条件の悪い六甲山では薪炭林同様，手が入らなくなった．

それでも，別荘地や観光資源化によってその価値を引き出す余地があった．**図終-1** でいえば，右部分の円を縮小させ，左の市場経済の円が大きくなるように不断の努力が続けられてきたわけである．薪炭林や人工林としての価値低迷の次に観光資源化が可能であったことに，六甲山の一つの特徴があるかもしれない．別の角度からこの過程について考えを巡らせると，あることに気づく．非市場（非商品化経済）の衰弱の過程は，人々が森林にアクセスする習慣，森林から恵みを享受する知恵や技法をことごとく喪失していく過程でもあったということである．そうして，希求しているにもかかわらず，すぐ裏に広がる森林に足を向けることさえできない憂いをまとった多くの都市住民が生まれた．

　このような考察から導き出されることの一つとして，「森林との具体的なかかわりを取り戻すような価値の取り出し方」がより重要になる，ということが理解できると思う．

4　市場・非市場領域の境界部を狙う試みの持つ意味

　森林の持つ癒し効果への注目が高まっている（第2章）．これを例にした場合にも，先に論じた市場的チャンネルと非市場的チャンネルは私たちのよき道標になる．例えば，森林の癒し効果の極端な市場的価値の取り出し方の先に見えるのは，2で論じた経路に類する喪失の過程である．多様な森林の価値を楽しみ，理解を深めるというより，商品化の過程で細分化されパッケージ化された「至れり尽くせり」の施術サービスを相当なコストを支払ってしか享受できなくなる状況である．それは杞憂だといわれるかもしれないが，供給サイドではそのような事態の兆候がすでに見え隠れしている．森林の癒し効果の認証やお墨付きの対価として巨額の投資を地域に求めるような新興ビジネスの台頭が問題視される状況が生まれているのである［上原 2016：10］．そして流行が過ぎればそこに待っているのは，一方で癒しの森が問題含みの森になってしまい，他方では市場で癒しを調達する術だけを学んだ人がアクセスの方法すらわからない，「さみしさをまとった都市住民」に戻っていく，そんな光景である．市場化による癒しの価値の取り出し方を極端なビジネス化につなげる発想ではなく，それを長年育んできた地域社会との関係を含めた市場化への方向性の模索

が重要になるだろう．つまり，グローバル経済の下で苦境にあるが，本源的な価値を持つ森林，それを支える地域社会を支援するという社会的意味を付与しながら，市場化していく方向を目指すということである．

5　市場で評価されなくなった森林を非市場の世界が紡ぎなおす

　六甲山では裏六甲には，少なからずスギやヒノキの人工林が広がっている．人工林はもう採算が合わぬから議論しても仕方がない，という声が聞こえてくるが，それはバランスを欠いた，また懸命な管理をなおつづける地域にあまりに手厳しい．その点に関連し，林業生産であれ，J-クレジット制度であれ，六甲山材であることが確実に発信できれば，ある一定の潜在的需要が見込める，との見解が本書で指摘された（第6章）．これは図終-1でいえば，左側の円を大きくする方向であるものの，浦上が強調するように，グローバルな木材市場とは異なることに注意したい．六甲山の活用や保全を応援したい人たちにとって価値ある六甲材を市場を通じて評価するというやり方である．図終-1でいえば，市場（商品化経済）と自給的利用（非商品化経済）の円の重なり合う部分を目指すのであり，それを「市場化・非市場化が共創する経済」と呼んでよい．[2)] ここでは，利潤最大化を目的としない協業や互酬などに基づく「顔の見える経済」が展開する．地域で共有する価値がグローバル経済下での価値に絡めとられないような強靭さとしたたかさがある．

6　非市場（非商品化経済）の裾野を広げる方向での展開

　市場経済の利便性や快適性を享受しつつ，その弊害にもうんざりしている都市住民が，都市と森林の関係性の修復を手作りで進めている事例が各地で散見される．地域住民，NPO，あるいはIターン者などが行政と協働し，顔の見える信頼に根差す市場を創出することによって山村再生や地域づくりを主導しているのである［小田切 2014］．ここ六甲でも，そのような活動が重要な役割を担っている．

　下唐櫃地区はご多分に漏れず林業で生活が成り立たず，ダム補償等で得た預

金などを原資として，森林管理の手入れをせざるを得ない状況にある（第10章）．収益が一向に出ないなか，安易な外部への全面依存を避け，従来から続く組合員のお役を存続させることにより，組合の森の利用と管理が続けられている．森とのつながりを絶やさぬことによって，地区民は森の知識や技術を維持し続けられる．災害時には，このこと自体が地域にとって大きな意味を持つ．事実，山林火災などの折には，地区単位ではなく，それより大きい自治区単位で結成される消防団による徹夜の巡視活動が行われる．その徹夜の巡視を見守る婦人会は炊き出しで支援する［2016年度三俣ゼミ2年生による聞き取り調査］．いずれも，営利追求ではない非商品化経済での自治的な営為である．

　一方，地縁に基づく伝統的入会林野ではなく，市や学校の所有する都市近郊の学校林を舞台とした取り組みが，教員，保護者，児童の手によって続けられている（第8章）．住民の流動性が高い都市域にあって，親子二代にわたって同活動が継承されているばかりか，自分の子どもを学校林で学ばせたいという理由で移り住んできたという保護者が存在している．学校，児童生徒を中心とし，街づくり協議会やPTA，OB会，保護者が結成するNPOが学校林の利用と管理に尽力し，子どもの学びの場を作り上げている．それは先の下唐櫃地区の地縁をベースとする伝統的な入会とは異なる学校林を核とする「新しい地域共同の力（自治力）」が作り上げられていると捉えることができよう．

　非市場経済の領域で，六甲山の活用や保全を進める主体は，地区や学校だけではない．登山会，NPOなど多く存在している．そのような団体は行政と民間の中間に位置することが多く，「中間団体」と呼ばれることが多い．これもやはり図終-1の二つの円の重なる部分に位置づけることができる．顔見知りの範囲で市場を取り込み，単なる利潤最大化ではなく，六甲山をよくする理念において，山とかかわり必要に応じて市場を利しているからである．このような中間領域を担う小さな団体を数多く有する六甲の場合，それら団体が集い全体での情報交換や議論などが必要な場合，それが困難になることがある．情報の発信はもとより，そのような小さな団体各々の緩やかな連携を引き出すことに成功している六甲山大学のからくり（第7章）は全国的にも珍しく，他の近郊林利用や管理を考えていく上で示唆に富んでいる．

7　三つ目のチャンネルとしての行政
───「新しい公共」の実態を創る───

　「都市－山村合併型の'都市'自治体の森林政策」における今後の挑戦的課題
は，広域合併により山村を含む「市民」のニーズをどのようにくみ取り，調整
していくかにある．石崎はこれが今後，山村を含む都市域の自治体にとっての
「挑戦的な政策課題」になることを示唆している（第12章）．同氏はまた，早い
段階で山村と合併した神戸市は，まさに「課題先進都市」であると述べ，それ
ゆえに生じる困難に対し，都市緑地法に基づく特別緑地保全地区制度で対応し
てきたことを評価している．また，金子［2003］は，神戸市が市街化調整区域
のうち農村区域を「人と自然の共生ゾーン」に指定したことで，スプロール化
を防ぎ保全の強化が図られたことを高く評価している．

　他方，兵庫県もまた，都市近郊林を資金面で支えている．新澤が紹介した資
金調達（第9章）のうち，兵庫県の県民緑税を受け，下唐櫃地区では人工林の
一部が手入れされ，また同県の補助金事業・住民参加型森林整備により外部と
の連携模索の試みに着手しつつある．確かに制度面や資金面で行政が都市近郊
林の保全を目指す姿勢がみてとれる．そのような資金調達を可能にする制度に
は，それを規定する法制度に環境の要素が取り込まれ，制度的安定性を確保す
ることが重要になる（第11章）．

　しかし，昨今の農山村再生で確認されていることは，真の意味での「行政と
地域の協働」の必要性である［小田切編 2013など多数］．それは「補助金を出す側，
もらう側の関係」でなく，行政職員が地域に通い，問題を共有し，解決に寄与
するような制度や政策を生み出していこうとする姿勢である．神戸市のような
大都市において，そのようなきめ細かい施策を講じることは限られた資源の中
では難しく，事実，十分ではない．この点で，2016年8月1日に行われた「森
林再生・地域資源活性プロジェクトチーム」（第10章参照）の第一回目の会議は，
神戸市役所での円卓を囲んだ従来型の会議ではなく，同プロジェクト対象地で
あり，下唐櫃産材で建てられた下唐櫃林産農業協同組合会館で開かれ，久元喜
造市長も同席しこれに加わった．このことは，市長のみならず，準備にあたっ

た同地区を担当する市職員の地元重視の視点を明確に示したものである．現場に足腰を据えて行政が取り組むこのような姿勢は，とかく行政主導の補助金頼みになりがちの大都市近郊林政策にあっては，地元の主体性や自治力を引き出すうえで，大きな示唆を与えると思われる．

　以上三つ目のチャンネルについてみてきたが，その役割を発揮するうえで次の点に留意しておくことが肝要である．一般的に，行政は極端な開発一辺倒の「民」の下支えを推進する政策誘導をしてきたし，事実，そのような強い力を持っている．研究機関もまたこれを支持し，あるいは先導してきた歴史がある．そのことを都市近郊林の利用や保全にかかわる多様な主体が互いに認識しあいながら，信頼に基づく協働の仕組みを作り上げること，そして，都市近郊林の管理保全に資するよう市場領域・非市場領域の双方を豊かにしていくことが重要になる．そこには，各地域で異なる歴史の理解を抜きにして語れぬ部分が多く，それを丁寧にフォローしておく必要性があることは言うまでもない（第5章）．

　地味であるが，そのような「小さな協働」を一つでも多く生み出していくことが，都市近郊林政策に対する市民の理解を受ける確かな基盤を創っていく．それは他ならぬ，協働を通じながら，それぞれの地域から紡ぎ出される公共性の創造過程とパラレルに進行していくことになるだろう．

注
1）これまで，標準的な経済学では，市場経済は利潤最大化行動に基づく合理的な企業・個人が想定され，貨幣での取引を通じない営為は等閑視される傾向が強かった．これに対し，編者のうち三俣は，カール・ポランニーに依拠し，市場社会を市場経済（商品化経済）と非市場経済（非商品化経済）からなる民間部門と政府や都道府県など公的部門から成り立つものと捉えてきた［室田・坂上・三俣・泉 2003；三俣 2008］．したがって，これを図終-1の左の円が市場経済の「私」，右の円が非市場経済の「共」，下部の四角の枠が政府・自治体等の行政主体の「公」と読み替えることも可能である．
2）このような考えを後押しする可能性を持つものとして，地域団体商標登録制度がある．それは「大間まぐろ」，「米沢牛」，「下呂温泉」のような，地域名と商品・役務名を組み合わせた商標を登録する制度［経済産業省 website］であり，平成18年度に開始された．林産物では現在，北山杉など10件が登録されており，これによる効果として，消費者との信頼構築が獲得できるという研究が報告されている．兵庫県の登録件数は34件で京都府62件についで第2位である．

参考文献

上原厳［2016］「"癒しの場"としての都市近郊林の利用の現状と実態――各地における都市近郊林を活用した保健休養の事例」『環境情報科学』45(2)，pp. 9-14.

小田切徳美［2014］『農山村は消滅しない』岩波書店.

小田切徳美編［2013］『農山村再生に挑む――理論から実践まで』岩波書店.

梶間周一郎・内山愉太・香坂玲［2016］「林産品のブランド化における地域団体商標の現状と地理的表示への展開」『日本知財第14回年次学術研究発表会』.

金子弘道［2003］「都市と農村を繋ぐ――豊かな農村を再構築する試み」，宇沢弘文・薄井充裕・前田正尚編『都市のルネッサンスを求めて――社会的共通資本としての都市 1』東京大学出版会, pp. 201-225.

亀井雄太［2014］「企業のCSR活動による森づくり推進をささえる諸条件――株式会社神戸製鋼所を事例として」兵庫県立経済学部卒業論文.

三俣学［2008］「コモンズ論再訪」，井上真編『コモンズ論の挑戦』新曜社，pp. 45-60.

室田武・坂上雅治・三俣学・泉留維［2003］『環境経済学の新世紀』中央経済出版社.

Mitsumata, G. ［2013］ "Complementary Environmental Resource Policies in the Public, Commons and Private Spheres: An Analysis of External Impacts on the Commons," in T. Murota and K. Takeshita eds., *Local Commons and Democratic Environmental Governance*, United Nation University Press, pp. 40-65.

経済産業省　地域団体商標事例集2015（http://www.meti.go.jp　2016年12月15日閲覧）

神戸市website（http://www.city.kobe.lg.jp/information/press/2016/06/20160609040201.html　2016年12月15日閲覧）

国土交通省 近畿地方整備局六甲砂防事務所「市民・企業による森づくり」（http://www.kkr.mlit.go.jp/rokko/pr_media/plant/group/　2016年12月15日閲覧）

あ と が き

　歴史的経緯により，兵庫県立大学には環境経済関連の研究者が5人いる．そのこともあって，兵庫県立大学経済学部環境経済研究センターが，兵庫県立大学の中期計画（特色化プログラム）事業として2013年3月に設置され，2013年度から2015年度まで3カ年にわたって，大学本部より「特色化戦略推進費」の配分を受けた．センター設立にあたってご支援いただいた清原正義兵庫県立大学学長に御礼申しあげます．

　大学の研究者と行政との関わりは，行政の審議会や委員会を通じたものが主である．実は，本書のきっかけも，新澤が参加した，神戸市六甲山森林整備戦略検討会議や神戸都市問題研究所の六甲山研究会，そして三俣が参加した神戸市による六甲山フォレストプロジェクト・ブレインストーミングである．通常，審議会や委員会は，委員が既存の知識に基づいて発言して，それで終わる．その過程で何か新しい課題を見つけたとしても，答えを見いだす暇なく，終わってしまう．

　しかしセンターがあったおかげで，序章にも書いたように，2014年3月と2015年2月に，六甲山シンポを開催することができた．是非それを記録に残したいと考え，本書を構想した．シンポジウム開催に様々な形でご協力いただいた皆様に感謝申しあげます．とりわけ，神戸市，神戸都市問題研究所，神戸新聞地域総研には，広報などでご協力を賜りました．二度のシンポジウムで，有益なコメントをいただき，また本書に寄稿頂きました新野幸次郎先生に御礼申しあげます．

　本書の出版に当たっては，兵庫県立大学のOB会の一つである淡水会を母体とした淡水会後援基金より助成を受けました．ここに記して謝意を表します．

　最後になりましたが，本書の出版に際し，晃洋書房の丸井清泰氏には企画段階から相談に乗っていただき，最終段階においては，同出版社の福地成文氏にも編者らの意向を多く汲み取っていただきました．厚く御礼申しあげます．

　六甲山に関わっている人だけでも大勢いて，全国の都市近郊林に関わってい

る人はさらに大勢いるでしょう．本書がそのような方々に少しでもお役に立て
れば，望外の喜びです．

2017年2月

編者を代表して　新 澤 秀 則

索　引

《執筆者紹介》（執筆順，＊は編著者）

新野幸次郎（にいの　こうじろう）[刊行によせて]
　　1925年生まれ．神戸経済大学経済学科卒業．神戸大学名誉教授．公益財団法人神戸都
　　市問題研究所理事長．
　　主要業績
　　『現代市場構造の理論』（新評論，1968年），『産業組織改革』（新評論，1970年），『日
　　本経済の常識と非常識』（大阪書籍，1982年），他多数．

＊三俣　　学（みつまた　がく）[序章・第8章・終章]
　　1971年愛知県生まれ．同志社大学大学院経済学研究科修了（経済学修士）．京都大学
　　大学院農学研究科博士課程単位取得退学．リヴァプール大学研究所客員研究員（英国），
　　エヴァーグリーン州立大学（米国）交換教員派遣（2011年度）を経て，現在，兵庫県
　　立大学経済学部教授．
　　主要業績
　　『入会林野とコモンズ——持続可能な共有の森』（共著，日本評論社，2004年），『環境
　　と公害——経済至上主義から命を育む経済へ』（共著，日本評論社，2007年），『コモ
　　ンズ研究のフロンティア——山野海川の共的世界』（共編著，東京大学出版会，2008年），
　　『コモンズ論の可能性——自治と環境の新たな関係』（共編著，ミネルヴァ書房，2010
　　年），"Complementary Environmental Resource Policies in the Public, Commons and
　　Private Sheres: An Analysis of External Impacts on the Commons," (in T. Murota
　　and K. Takeshita eds., *Local Commons and Democratic Environmental Governance*,
　　United Nation University Press, 2013)．『エコロジーとコモンズ——環境ガバナンス
　　と地域自立の思想——』（晃洋書房，2014年）．

＊新澤秀則（にいざわ　ひでのり）[序章・第9章・終章・あとがき]
　　1958年生まれ．大阪大学大学院工学研究科環境工学専攻博士後期課程中退．大阪大学
　　工学博士．現在，兵庫県立大学経済学部教授．
　　主要業績
　　Governing Low-carbon Development and the Economy（共編）(United Nations University
　　Press, 2014)．『シリーズ環境政策の新地平2　気候変動政策のダイナミズム』（共編，
　　岩波書店，2015年），『シリーズ環境政策の新地平3　エネルギー転換をどう進めるか』
　　（共編，岩波書店，2015年），「排出量目標対価格目標の視点からのパリ協定の評価」（『環
　　境経済・政策研究』9(2)，2016年）

友野哲彦（ともの　あきひこ）[第1章]
　　1966年生まれ．神戸商科大学（現兵庫県立大学）大学院経済学研究科博士後期課程単
　　位取得退学．博士（経済学）兵庫県立大学．現在，兵庫県立大学経済学部教授．
　　主要業績
　　「社会資本の環境評価——福岡空港周辺の航空機騒音を事例に——」（岩井浩・福島利
　　夫・藤岡光夫編著『現代の労働・生活と統計』北海道大学図書刊行会，2000年），『環
　　境保全と地域経済の数量分析』（兵庫県立大学政策科学研究叢書LXXXIV，2010年），「経
　　済のグローバル化と環境問題」（共著，『グローバル化経済の構図と矛盾』桜井書店，
　　2011年）．

齋藤暖生（さいとう　はるお）[第2章]
　　1978年生まれ．京都大学大学院農学研究科博士後期課程森林科学専攻修了．博士（農
　　学）．東京大学大学院農学生命科学研究科附属演習林富士癒しの森研究所助教．
　　主要業績
　　『コモンズと地方自治——財産区の過去・現在・未来——』（共著，日本林業調査会，

2011年），「「癒し」でつなぎなおす森と人――大学演習林からの挑戦――」（三俣学編『エコロジーとコモンズ――環境ガバナンスと地域自立の思想――』晃洋書房，2014年），「特用林産と森林社会――山菜・きのこの今日――」（『林業経済』67(12)，2015年）.

服 部　　保（はっとり　たもつ）[第 3 章]
1948年生まれ．神戸大学大学院自然科学研究科博士課程修了．学術博士．現在，兵庫県川西市教育委員．
主要業績
『植生管理学』（共著，朝倉書店，2005年），『環境と植生30講』（朝倉書店，2011年），『照葉樹林』（神戸群落生態研究会，2014年）他多数.

沖 村　　孝（おきむら　たかし）[第 4 章]
1944年生まれ．神戸大学大学院工学研究科修士課程土木工学専攻修了．京都大学理学博士，神戸大学名誉教授．現在，一般財団法人建設工学研究所代表理事.
主要業績
"The damage to hillside embankments in Sendai city during The 2011 off Pacific Coast of Tohoku Earthquake,"（共著）（*Soils and Foundations*, 52(5), 2012），「豪雨時の表層崩壊による斜面災害軽減のためのリアルタイム型危険度評価システム」（共著）（『地盤工学会誌』61(9)，2013年）．「東日本大震災からの復旧事業を通した課題――備えのための宅地耐震化推進事業の促進に向けて――」（『都市政策』156, 2014年）．「地震時の安全な宅地の備えに向けて」（『自然災害科学』34(2)，2015年）．「大きな降雨強度の頻発に備える」（『水文・水資源学会誌』29(1)，2016年）.

松 岡 達 郎（まつおか　たつお）[第 5 章]
1955年生まれ．京都大学農学部林学科卒業．神戸市役所にて「グリーンコウベ21プラン」（2000年），「六甲山森林整備戦略」（2012年）などを担当．建設局六甲山整備担当部長で退職．現在，継続して建設局防災部で六甲山担当.
主要業績
「市民参加による防災と緑」（『都市政策』90, 1998年），「六甲山森林整備戦略について」（『都市政策』149，2012年）.

浦 上 尚 己（うらかみ　なおみ）[第 6 章]
1965年生まれ．神戸大学大学院経営学研究科経営学修士（専門職）．現在，株式会社日本オフセットデザイン創研代表取締役．兵庫県森林組合連合会環境ビジネス推進室室長．サンフォレスト株式会社事業開発部長．株式会社日本オフセットデザイン創研でJ-クレジット販売・間伐材ノベルティ商品の製造販売，その他．兵庫県森林組合連合会でJ-クレジットプロジェクトの推進業務．サンフォレスト株式会社で国産間伐材を活用したソーラーパネルECO架台FIT SOLAR®Wood開発（株式会社NTTファシリティーズ共同開発），木製架台メガソーラー多可発電所（2.2MW）運営.

大 武 圭 介（おおたけ　けいすけ）[第 7 章]
1973年生まれ．筑波大学大学院農学研究科博士課程修士（農学）取得後中退．NPO法人ホールアース研究所理事．2004年より「環境省エコツーリズム推進モデル事業」で神戸市の取り組みを支援する専門家として神戸・六甲山に関わり始め，以来10年間にわたり六甲山の賑わいづくりを目指し地域コーディネーターとして活動．2016年4月より富士市立少年自然の家所長.
主要業績
『ESD拠点としての自然学校――持続可能な社会づくりに果たす自然学校の役割――』（共著，みくに出版，2012年）.

川 添 拓 也（かわぞえ　たくや）[第10章]
　　1993年生まれ．兵庫県立大学経済学部応用経済学科卒業．現在，兵庫県立大学経済学
研究科博士前期課程経済学専攻１年．
主要業績
「都市農山村地域における森林利用と管理——神戸市北区下唐櫃地区の事例から——」
（共著，兵庫県立大学経済学部学士論文，2016年）．

神 山 智 美（こうやま　さとみ）[第11章]
　　1968年生まれ．名古屋大学大学院環境学研究科博士後期課程満了．現在，富山大学経
済学部経営法学科准教授．
主要業績
「環境CSRとしての企業の「森づくり」への法的規制」（『人間環境学研究』7(2)，
2009年）．「荒れた育成林問題解消のための法的検討——所有者の義務の明確化の観点
から」（環境法政策学会編『公害・環境紛争処理の変容——その実態と課題——』商
事法務，2012年）．「鳥獣保護及び管理に関する一考察——住民参加及び野生鳥獣保護
管理の制度設計を中心として——」（環境法政策学会編『化学物質の管理——その評
価と課題——』商事法務，2016年）．

石 崎 涼 子（いしざき　りょうこ）[第12章]
　　1974年生まれ．筑波大学大学院博士課程生命環境科学研究科修了．博士(学術)．現在，
国立研究開発法人森林総合研究所主任研究員．
主要業績
『水と森の財政学』（共著，日本経済評論社，2012年），『改訂 森林政策学』（共著，日
本林業調査会，2012年），『森林経営をめぐる組織イノベーション——諸外国の動きと
日本——』（共編，広報ブレイス，2015年）．

都市と森林

2017年3月30日　初版第1刷発行	＊定価はカバーに 表示してあります

編著者の
了解により
検印省略

編著者	三俣　　　学© 新澤　秀則
発行者	川東　義武
印刷者	河野　俊一郎

発行所　株式会社　晃洋書房

〒615-0026　京都市右京区西院北矢掛町7番地
電　話　075(312)0788番(代)
振替口座　01040-6-32280

装丁　尾崎閑也　　印刷　西濃印刷㈱
　　　　　　　　　製本　㈱藤沢製本

ISBN 978-4-7710-2879-1